309

4608

OPTIQUE

DE NEWTON.

TRADUCTION NOUVELLE.

TOME PREMIER.

DE L'IMPRIMERIE DE Ph-D. PIERRES,
Premier Imprimeur Ordinaire du Roi, &c.

OPTIQUE
DE NEWTON,

TRADUCTION NOUVELLE,

FAITE par M.*** sur la dernière Édition originale, ornée de vingt-une Planches, & approuvée par l'Académie royale des Sciences ;

DÉDIÉE AU ROI,

Par M. BEAUZÉE, Éditeur de cet Ouvrage, l'un des Quarante de l'Académie Françoise ; de l'Académie della Crusca ; des Académies royales de Rouen, de Metz, & d'Arras ; Professeur émérite de l'École royale militaire, & Secrétaire-Interprète de MONSEIGNEUR COMTE D'ARTOIS.

TOME PREMIER.

A PARIS,

Chez LEROY, Libraire, rue Saint-Jacques, vis à vis celle de la Parcheminerie.

M. DCC. LXXXVII.
Avec Approbation & Privilège du Roi.

AU ROI.

SIRE,

C'EST sous les auspices du plus grand des Rois, que doit paroître, en langue nationale, le chef-d'œuvre de l'un des plus beaux Génies que le Ciel ait jamais accordé à la Terre. C'est donc sous les auspices de VOTRE MAJESTÉ, qu'il convient d'annoncer enfin à la

a 3

France une traduction fidèle du Traité
d'Optique de Newton. Quoique
simple Éditeur de cette Traduction,
dont l'Auteur m'est inconnu, j'ai saisi
avec empressement cette occasion de présenter à VOTRE MAJESTÉ
l'hommage public de ma reconnoissance,
pour les bienfaits dont Elle m'a comblé.
Je les dois à la protection dont Elle
honore les Lettres ; & il est juste que
je joigne ma voix à tant d'autres pour
l'annoncer à l'Europe & à la postérité.

Je suis avec le plus profond respect,

SIRE,

DE VOTRE MAJESTÉ,

Le très-humble, très-obéissant,
& très-fidèle serviteur & sujet
BEAUZÉE,
l'un des Quarante de votre Académie Françoise.

PRÉFACE
DE L'ÉDITEUR.

PARMI les Sciences utiles & agréables, il n'en est point de plus intéressante que l'Optique.

Elle a pour objet la lumière, ce fluïde subtil qui remplit l'Univers, qui en déploie à nos yeux l'immense étendue, en dévelope les différentes parties, distingue tous les corps par l'éclat ou les couleurs qu'il leur prête, & répand un charme indicible sur la Nature entière.

Moins vaste par son objet que féconde en merveilles, l'Optique est une source intarissable de sujets d'instruction. Quelle multitude de phénomènes étonnants les divers mouvements de la

lumière ne produifent-ils pas! & quelle
multitude de phénomènes plus étonnants encore ne réfultent pas de la
fimple décompofition de la lumière!
Phénomènes inconcevables, tant qu'on
en ignore la caufe : phénomènes fi fa-
ciles à concevoir, dès qu'on en faifit
le principe; mais dont l'Optique feule
peut rendre raifon!

S'il n'eft point de Science plus digne
d'exercer l'efprit, il en eft peu d'auffi
importante. Que d'avantages précieux
elle nous procure! Non feulement
elle remédie aux défauts de la vûe par
les inftruments qu'elle nous fournit;
elle met encore à notre portée, & les
objets qui fans elle nous échape-
roient par leur éloignement, & les
objets que leur petiteffe nous déro-
beroit. Qui ne fait d'ailleurs ce que
doivent à ces inftruments la Gravure,
l'Horlogerie, l'Hiftoire naturelle, la
Chimie, la Phyfique, l'Aftronomie,

la Navigation, dont les progrès inté-
reſſent ſi fort la Société? En faut-il
davantage pour faire ſentir l'importance de l'Optique?

A la tête des différents ouvrages
publiés ſur cette belle Science, on doit
mettre le *Traité de Newton ſur les*
couleurs, Traité ſublime, conſacré depuis près d'un ſiècle par les ſuffrages
de l'Europe ſavante : auſſi a-t-il été
traduit dans la plupart des Langues ;
mais par-tout on ſe plaint, & avec
fondement, de l'obſcurité & de l'infi-
délité des traductions qui ont paru
juſqu'ici. Faut-il en être étonné? Pour
y réuſſir, il falloit des Traducteurs
également au fait des Langues & de
l'Optique, réunion de connoiſſances
qui ſe rencontre trop rarement.

De toutes les Traductions de ce
Traité, aucune n'eſt auſſi défectueuſe
que la Françoiſe. Infidèle & obſcure,
ôſons le dire, elle eſt encore ſervile

& barbare : à peine peut-on en parcourir de suite une seule page, lors même que l'ambiguïté de l'expression ne force pas à relire plusieurs fois le même passage pour en saisir le sens. A ces traits on doit reconnoître la Traduction de *Coste*. Étranger à la matière, peu versé dans les Langues, moins encore dans l'art d'écrire, il a servilement copié les tours de phrase de l'original, & conservé, avec une sorte d'affectation, une multitude de redites, négligences qui échapent assez souvent à un Écrivain de génie plein de son objet, mais qui sont insuportables dans une Traduction : de sorte qu'il a rendu, en termes toujours impropres & souvent inintelligibles, les sublimes idées de l'Auteur.

Ce seroit donc faire un présent précieux à tous ceux qui cultivent les Sciences, que de leur offrir une Traduction fidèle & élégante du *Traité des couleurs*. Celle que nous publions a mérité l'approbation de l'Académie royale des Sciences, & elle ne peut être que l'ouvrage d'un Savant, également verfé dans l'art d'écrire & familier avec les expériences de Newton.

Voici un léger apperçu de fon travail.

Il a fouvent rendu par un mot de longues périphrafes.

Il a retranché une infinité de répétitions faftidieufes, qui ne fervoient qu'à embrouiller la matière en fefant trainer les démonftrations.

Il a jeté en notes plufieurs définitions & obfervations, qui, intercalées dans le texte fous la forme de parenthèfes, rompoient la chaîne des raifonnements.

Outre une multitude de remarques néceffaires à l'intelligence du texte, il a joint à l'Ouvrage un grand nombre de Planches, qui toutes fortiront du Livre, & dont aucune ne fera furchargée de figures; avantage qui réunit l'agrément à la netteté.

Enfin il a tracé, dans des notes particulières, dont la plupart font relatives à la théorie des lunettes achromatiques, les progrès que l'Optique a faits depuis Newton.

Aux avantages généraux attachés à ces retranchements de rédites fuperflues, à ces tranfpofitions de paffages déplacés, à ces éclairciffements, & à ces additions de nouveaux articles, fi on ajoûte les avantages particuliers qui en découlent, tels qu'une connexion plus parfaite de toutes les parties de l'Ouvrage, un plus beau dèvelopement de la doctrine de l'Auteur, le tableau des progrès fucceffifs de la Science; en un mot, fi l'on fait attention que cette Science, rendue plus claire, deviendra en même temps plus aifée à concevoir & à retenir : peutêtre verra-t-on dans tout cela (indépendamment même de la sanction de l'Académie) de quoi justifier la confiance avec laquelle nous ôsons présenter cette Traduction au Public.

Quoiqu'elle soit particulièrement utile aux Opticiens-Géomètres, elle n'est pas moins nécessaire aux Chimistes & aux Physiciens. Ils trouveront dans le dernier Livre, non seulement le germe de toutes les expériences nouvelles sur les différentes espèces d'air, & sur la transmutation des éléments, dont on s'occupe si fort aujourdhui, mais encore d'admirables morceaux sur les affinités, branche si essencielle de la Physique & de la Chimie ; sans parler d'une multitude de faits curieux, fonds inépuisable pour les Auteurs qui veulent travailler sur ces matières.

C'est sur-tout aux jeunes gens qui courent la carrière des Sciences, que cette Traduction doit être précieuse, par la facilité qu'elle leur donnera, d'entendre le plus fublime ouvrage qui ait jamais paru fur les étonnants phénomènes de la lumière.

Dans un fiècle où l'on cultive avec ardeur toutes les Sciences, un pareil ouvrage pourroit-il être indifférent aux Lecteurs de goût, qui veulent avoir une idée des merveilles de la vifion?

Enfin le *Traité des couleurs* eft un de ces ouvrages claffiques, dont aucune Bibliothèque ne peut fe paffer; & cette Traduction nouvelle le rendra d'un plus grand prix encore aux amateurs des belles éditions.

NOTICE
DU TRADUCTEUR.

VOULANT approfondir le Syſtême de Newton ſur les couleurs, & n'ayant pas l'original ſous la main, je commençai à l'étudier dans quelques Traductions, dont je ne tardai pas à ſentir les défauts. C'étoit peu d'y trouver des termes impropres, des redites éternelles; négligences toujours impardonnables: leur ſtyle lâche, diffus, incohérent me fatiguoit à l'excès.

Dans l'eſpoir d'éviter la perte irréparable d'un temps précieux, & de me ſouſtraire aux dégoûts inſéparables d'une lecture laborieuſe; j'eus recours à l'original, & je me mis à le tra-

duire. Ainſi, cette traduction, entre-
priſe pour mon uſage particulier, n'é-
toit pas deſtinée à voir le jour : je
ne me ſuis même déterminé à la rendre
publique, qu'en faveur des jeunes gens
qui courent la carrière des Sciences.
C'eſt bien mériter d'eux ſans doute,
que de leur rendre facile la lecture du
plus eſtimé des ouvrages de Newton:
& c'eſt peut-être travailler à la gloire
de Newton même, que de mettre les
Lecteurs judicieux en état de mieux
l'apprécier.

Mais j'ai à rendre raiſon de mon
travail. Deux ou trois mots ſuffiroient,
s'il ne falloit pas commencer par quelques obſervations, qui au premier
coup d'œil paroîtront étrangères au
ſujet, & qui pourtant ſont indiſpen-
ſables.

Moins ſenſible que le François à la
pureté

pureté & à l'élégance du ftyle, l'Anglois s'attache plus particulièrement aux chofes. Ce feroit donc peu connoître la différence des goûts nationaux, que d'imaginer qu'il foit poffible de faire une élégante traduction françoife de la plupart des ouvrages anglois, furtout des ouvrages fcientifiques. Que feroit une traduction littérale de l'Optique de Newton ? Abforbé par l'importance de la matière, ce beau Génie femble n'avoir écrit que pour en confacrer le fonds ; fans trop s'embarraffer du chöix des mots, & de l'ordre des idées, il a laiffé courir fa plume & s'en eft tenu à ce premier jet.

Mais cette manière d'écrire, faite pour un Génie fécond & plein de fon objet, eft peu propre au dèveloppement de la Science, moins encore à la marche d'un traité élémentaire. Si la lecture de l'Optique de Newton peut

b

devenir agréable, ce n'eft donc que dans une traduction libre.

Ainſi, j'ai rendu par des termes propres de longues périphraſes.

J'ai retranché une infinité de répétitions faftidieuſes, qui ne fervoient qu'à embrouiller la matière, en fefant trainer les démonftrations.

J'ai jeté en notes pluſieurs définitions & obſervations, intercalées dans le texte ſous la forme de parenthèſes, & qui rompoient la chaîne des raiſonnements.

J'ai tranſpoſé quelques paſſages, qui ſuſpendoient trop long temps l'attention.

J'ai ménagé des tranſitions naturelles dans une multitude d'endroits,

où le génie de notre langue ne permet-
toit pas de paffer brufquement d'une
matière à une autre.

Enfin j'ai fondu dans le corps des
démonftrations, les explications féparées des figures ; hors d'œuvres, uniquement propres à fatiguer & à dé-
goûter les lecteurs, en fefant perdre
à l'Auteur le mérite précieux d'une
marche rapide.

Après avoir tiré l'or de la mine, il
reftoit à l'affiner ; je me fuis efforcé
d'y parvenir, en rendant les idées de
l'Auteur avec toute la clarté & la fim-
plicité poffible.

Quelque libre que foit cette traduction, elle n'en eft pas moins fidèle ;
& j'ôfe croire que les lecteurs inftruits
trouveront, que c'eft la première fois
que le fameux Traité des couleurs pa-

roît parmi nous en langage intelligi-
ble : peut-être encore ceux à qui
cet ouvrage eſt le plus familier, ſur-
pris du nerf & de la rapidité entrai-
nante des raiſonnements de l'Auteur,
ne pourront-ils ſe défendre d'admirer
ſa mâle Dialectique.

AVIS DE L'AUTEUR,

*Sur la première édition Angloise,
faite en 1704.*

Une partie de ce Traité fut écrite en 1675, à la prière de quelques Membres de la Société royale, & lue ensuite aux assemblées de cette Société. Douze ans après, voulant compléter la théorie de la lumière, j'ajoutai le reste, à l'exception du IIIᵉ Livre, & de la dernière Proposition du Livre II.

Si j'ai différé si long temps l'impression de ce Traité, c'étoit crainte d'entrer en lice sur les matières qui en font l'objet : je l'aurois différée plus long temps encore, sans les instances de quelques amis, auxquelles il a fallu me rendre.

Quant aux autres écrits ſur le même ſujet, qu'on peut m'avoir arrachés ; ce ne ſont que des pièces imparfaites, compoſées avant que j'euſſe fait toutes les expériences contenues dans cet ouvrage, & que j'euſſe acquis des connoiſſances certaines ſur les loix de la réfraction & la formation des couleurs. Je publie maintenant ce que je crois en état de voir le jour ; mais je déſire qu'il ne ſoit point traduit ſans mon conſentement.

J'ai tâché d'y rendre raiſon des couronnes colorées, qui paroiſſent quelquefois autour du Soleil & de la Lune : cependant comme je n'ai pas là-deſſus un nombre ſuffiſant d'obſervations, j'abandonne à d'autres l'examen particulier de ce phénomène. J'ai auſſi laiſſé la matière du IIIe LIVRE imparfaite, faute d'avoir fait toutes les expériences que je m'étois propoſé de faire, & d'en

avoir répété quelques-unes aſſez ſouvent pour pouvoir en expliquer toutes
les circonſtances.

En donnant ce Traité au Public,
mon but eſt uniquement de lui faire
part de ce que l'expérience m'a appris,
laiſſant à d'autres le ſoin de couronner
l'ouvrage.

AVIS DE L'AUTEUR,

Sur la seconde édition Angloise, faite en 1717.

J'AI retranché de cette édition les Traités Mathématiques imprimés à la fin de la première, comme pièces étrangères à un Traité d'Optique.

J'ai inféré quelques nouvelles questions à la fin du IIIᵉ LIVRE. Et pour montrer que je ne regarde pas la pesanteur comme propriété essencielle aux corps, j'ai ajouté une question sur la cause de la pesanteur en particulier; manière d'écrire dont j'ai fait choix pour proposer mes idées, n'ayant pu encore les fixer à ma satisfaction, faute d'expériences.

TRAITÉ

TRAITÉ D'OPTIQUE

SUR LES RÉFLEXIONS,

RÉFRACTIONS, INFLEXIONS, ET COULEURS

DE LA LUMIÈRE.

LIVRE PREMIER.

PREMIÈRE PARTIE.

Mon deſſein n'eſt pas d'expliquer les propriétés de la lumière par des hypothèſes ; je me
borne à les énoncer, pour les prouver enſuite
par le raiſonnement appuyé ſur l'expérience :

mais il faut commencer par quelques *défini-tions* & quelques *axiomes indispensables*.

DÉFINITIONS.

I. DÉFINITION. *Je nomme RAYONS les moindres parties de la lumière, tant celles qui sont successives dans les mêmes lignes, que celles qui sont simultanées dans des lignes différentes.*

Il est évident que la lumière est composée de parties successives & de parties simultanées: puisqu'à chaque instant on peut arrêter celles qui tombent sur un même endroit, & laisser passer celles qui y tombent l'instant d'après; comme on peut, au même instant, les arrêter dans un endroit, & les laisser passer dans un autre. Or il est impossible que les parties interceptées & les parties transmises soient les mêmes. Ainsi, toute partie de lumière qui peut être arrêtée ou propagée seule, comme toute partie de lumière qui peut agir ou être affectée indépendamment des autres, est ce que j'appelle un *Rayon.*

II. DÉFINITION. *La réfrangibilité des rayons de lumière est leur disposition à être détournés* de leurs directions, en paſſant d'un milieu dans un autre; & leur plus ou moins grande réfrangibilité eſt leur diſpoſition à être plus ou moins détournés de leurs directions, à égales incidences ſur le même milieu.

Les Géomètres ſuppoſent ordinairement que les rayons de lumière ſont des lignes qui s'étendent du corps lumineux au corps illuminé, & que la réfraction de ces rayons eſt la rupture de ces lignes à leur paſſage d'un milieu dans un autre. On peut très-bien conſidérer les rayons & leurs réfractions ſous ce point de vûe, ſuppoſé que la lumière ſe propage inſtantanément : mais comme il paroît, par les équations des temps où les éclipſes des Satellites de Jupiter arrivent, que la lumière emploie environ ſept minutes dans ſon trajet du Soleil à la Terre; je me ſuis attaché à donner des définitions ſi générales des rayons & de leurs réfractions, qu'elles peuvent également convenir dans ces deux cas.

III. Définition. *La réflexibilité des rayons eſt leur diſpoſition à être renvoyés du milieu ſur lequel ils tombent dans le milieu d'où ils ſont partis ; & les rayons ſont plus ou moins réflexibles, suivant qu'ils sont renvoyés avec plus ou moins de facilité.*

Ainsi, en passant du verre dans l'air, si la lumière devient plus inclinée à la surface commune de ces milieux, elle commence à en être totalement réfléchie : or ces rayons sont les plus réflexibles, qui, à égales incidences, sont réfléchis en plus grande quantité ; ou qui, à une moindre inclinaison, commencent plus tôt à être réfléchis.

IV. Définition. *L'angle d'incidence est l'angle que forment, au point d'incidence, la ligne décrite par le rayon incident & la perpendiculaire à la surface réfléchissante ou réfringente.*

V. Définition. *L'angle de réflexion ou de réfraction est l'angle que forment, au point d'incidence, la ligne décrite par le rayon réfléchi ou réfracté & la perpendiculaire à la surface réfléchissante ou réfringente.*

VI. Définition. *Les sinus d'incidence, de réflexion, & de réfraction, sont les sinus des angles d'incidence, de réflexion, & de réfraction.*

VII. Définition. *Je nomme lumière simple, homogène, ou similaire, celle dont les rayons sont également réfrangibles ; lumière com-*

poſee, hétérogène, ou diſſimilaire, celle dont les rayons ſont plus réfrangibles les uns que les autres.

Ce n'eſt pas que je prétende que la première ſoit homogène à tous égards : mais les rayons qui ne diffèrent pas en réfrangibilité, ne diffèrent non plus en aucune de leurs autres propriétés; propriétés qui feront l'objet de mon examen dans cet ouvrage.

VIII. DÉFINITION. J'appelle ſimples & primitives, les couleurs des rayons homogènes; & je nomme compoſées, les couleurs des rayons hétérogènes.

AXIOMES.

I. AXIOME. Les angles d'incidence, de réflexion, & de réfraction ſont dans un ſeul & même plan.

II. AXIOME. L'angle de réflexion eſt égal à l'angle d'incidence.

III. AXIOME. Si un rayon rompu eſt renvoyé directement au point d'incidence, il ſera rompu dans la ligne décrite par le rayon incident.

IV. AXIOME. Quand un rayon paſſe dans un milieu plus denſe, il ſe réfracte en s'approchant de la perpendiculaire ; de forte que l'angle de réfraction est plus petit que l'angle d'incidence.

V. AxiomE. *Le sinus d'incidence est au sinus de réfraction en raison donnée, exactement ou à très-peu près.*

Voilà pourquoi cette proportion, une fois connue dans une inclinaison particulière du rayon incident, peut l'être dans toutes les autres inclinaisons. Il est donc possible de déterminer la réfraction des rayons, quelle que soit leur incidence sur le même corps réfringent. Ainsi, lorsqu'un rayon rouge passe de l'air dans l'eau, le sinus d'incidence est au sinus de réfraction comme 4 à 3 : lorsqu'il passe de l'air dans le verre, ces sinus sont entre eux comme 17 à 11. Quant aux rayons de toute autre couleur, les sinus ont d'autres proportions ; mais la différence en est si petite, qu'il est rarement nécessaire d'en tenir compte.

Fig. 1.　Supposé que RS représente la surface d'une eau tranquille, & que C soit le point d'incidence d'un rayon venant du point A placé dans la ligne AC : si je veux connoître la direction de ce rayon réfléchi ou réfracté, j'élève au point d'incidence la perpendiculaire CP, que j'abbaiſſe enſuite juſqu'en Q; & comme (d'aprés le I. Axiome) le rayon réfléchi ou réfraƈté ſe trouve dans le plan prolongé de l'angle d'incidence ACP, je fais tomber ſur la perpendiculaire CP le ſinus d'incidence AD; puis je prolonge AD juſqu'en B, de ſorte que DB ſoit égal à AD; enfin je tire la ligne CB. C'eſt cette ligne qui eſt le rayon réfléchi; l'angle de réflexion BCP & ſon ſinus BD étant égaux à l'angle & au ſinus d'incidence, conformément au II. Axiome.

Maintenant pour avoir le rayon réfraƈté, je mène AD en H; de ſorte que DH ſoit à AD, comme le ſinus de réfraƈtion eſt au ſinus d'incidence, c'eſt à dire relativement aux rayons rouges, comme 3 eſt à 4. Enſuite ayant décrit par le rayon CA un cercle ABE autour du centre C & dans le plan ACP, je mène parallèlement à la perpendiculaire CPQ la ligne HE, qui coupe la circonférence en E; après quoi, je tire la ligne CE. C'eſt cette ligne que décrit le rayon réfraƈté : car ſi on mène EF perpendiculairement à la ligne PQ, EF ſera le ſinus de réfraƈtion du rayon CE, l'angle de réfraction étant ECQ. Or EF est égal à DH; par conséquent il est au sinus d'incidence AD ce que 3 est à 4.

Fig. 2. De même, pour savoir comment se réfractent des rayons aux faces d'un prisme (1) de verre : soit ABC un plan qui coupe ce prisme parallèlement à ses extrémités, à l'endroit même où ces rayons le traversent; & soit ED un des rayons incidents sur la première face AC. Cela posé, si le sinus d'incidence est au sinus de réfraction dans le rapport de 17 à 11, EF sera le rayon réfracté la première fois. Ensuite considérant ce rayon comme incident sur BC seconde face du prisme qu'il traverse, si le sinus d'incidence est au sinus de réfraction dans le rapport de 11 à 17, FG sera le rayon réfracté la seconde fois : car si le sinus d'incidence au passage des rayons de l'air dans le verre est au sinus de réfraction, comme 17 à 11; le sinus

_____

(1) Un prisme est une masse de verre, terminée par deux triangles égaux & parallèles, & par trois faces planes & polies qui se rencontrent dans trois lignes parallèles, tirées des trois angles de l'un des triangles aux trois angles de l'autre.

d'incidence au paffage des rayons du verre dans l'air doit être au finus de réfraction, comme 11 à 17, conformément au III. Axiome.

Une (2) lentille convexe des deux côtés étant Fig. 3. repréfentée par ACBD, fi on veut favoir comment fe réfractent les rayons qui d'un point Q tombent fur ce verre : après avoir pris QM pour un des rayons incidents fur un point quelconque M de la première furface de la lentille, qu'on élève une perpendiculaire au point M; on aura, à raifon du rapport des finus (qui eft celui de 17 à 11), MN pour le rayon réfracté la première fois. Que ce rayon foit confidéré comme tombant fur N au fortir du verre; on aura, à raifon du rapport des finus (qui eft celui de 11 à 17), N*q* pour le rayon réfracté la feconde fois.

C'eft par la même méthode qu'on peut trouver les réfractions, lorfque la lentille eft convexe d'un côté, & plane ou concave de l'autre, ou lorfqu'elle eft concave des deux côtés.

---

(2) Une lentille eft une maffe de verre plus ou moins épaiffe, & fphériquement convexe ou concave des deux côtés, ou fimplement d'un feul.

VI. AXIOME. *Les rayons homogènes, qui, de différents points d'un objet, tombent perpendiculairement ou à peu près sur une surface plane ou sphérique, réfléchissante ou réfringente, divergent ensuite d'autant d'autres points, ou deviennent parallèles à autant d'autres lignes, ou convergent à autant d'autres points; & cela avec exactitude, du moins sans erreur sensible. La même chose arrive lorsque les rayons sont réfléchis ou réfractés successivement par deux, trois, quatre, cinq surfaces, planes ou sphériques.*

Le point d'où les rayons divergent & où ils convergent peut être appelé leur foyer. Or le foyer des rayons incidents étant donné, on peut trouver celui des rayons réfléchis ou réfractés, en déterminant la réfraction de deux rayons quelconques, par la méthode précédente, ou par la méthode suivante qui est plus commode.

Fig. 4. I. CAS. Soient A B C une surface plane, réfléchissante ou réfringente, Q le foyer des rayons incidents, & Q *q* C une perpendiculaire à ce plan. Si cette perpendiculaire est prolongée jusqu'à *q*, de sorte que *q* C soit égal à Q C; le point *q* sera le foyer des rayons réfléchis. Ou si *q* C est pris du même côté du plan que

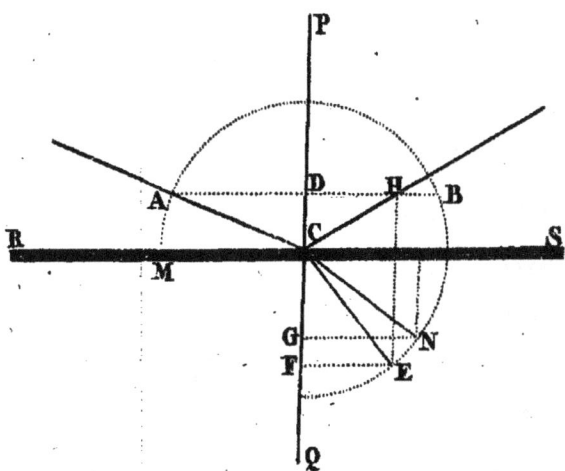

Fig. 1.

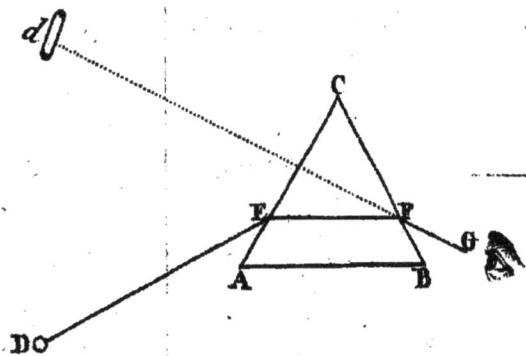

Fig. 2.

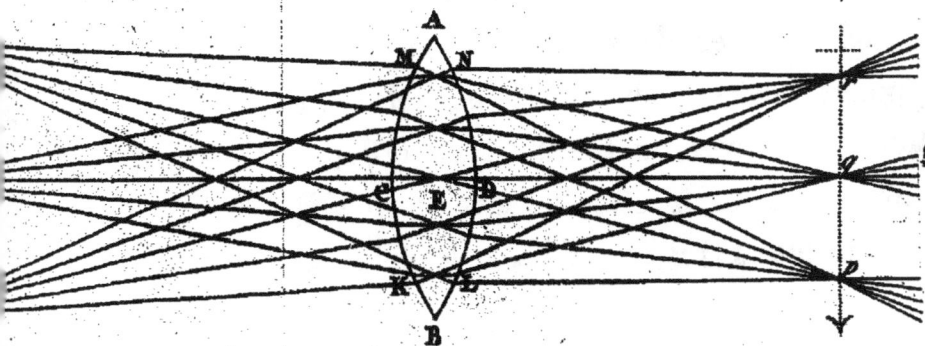

Fig. 3.

QC, & dans la proportion à QC qu'a le finus
d'incidence au finus de réfraction ; le point *q*
fera le foyer des rayons réfractés.

II. CAS. Soient ACB la furface réfléchif- Fig. 5.
fante d'une fphère quelconque dont E eft le
centre, & EC un rayon de cette fphère coupé
au point T. Si dans ce rayon vous prenez vers
T les points Q & *q*, de forte que TQ, TE, &
T *q* foient des proportionelles continues, & que
le point Q foit le foyer des rayons incidents ; le
point *q* fera le foyer des rayons réfléchis.

III. CAS. Soient ACB la furface réfringente Fig. 6.
d'une fphère quelconque dont E eft le centre,
& EC un rayon de cette fphère. Prolongez
de part & d'autre ce rayon : dans fes pro-
longements prenez les parties E T & C *t* égales
entre elles, de forte qu'elles foient à ce rayon
dans la proportion du moindre des finus d'incidence & de réfraction à la différence de ces
finus. Enfin trouvez dans la ligne prolongée
deux points quelconques Q & *q*, tels que
TQ foit à ET comme E*t* eft à *tq* (*tq* pris
dans un fens contraire depuis *t* à celui où TQ
eft pris depuis T) : cela fait, fi le point Q

eſt le foyer des rayons incidents, le point *q*
fera le foyer des rayons réfractés.

On peut trouver par la même méthode le
foyer des rayons réfléchis ou réfractés deux,
trois, quatre, cinq fois, &c.

Fig. 7.   IV. CAS. Soit ACBD une lentille ſphéri-
quement convexe ou concave des deux côtés, ou
ſimplement plane-convexe ou plane-concave.
Soit CD l'axe (3) de la lentille. Et ſoient F
& *f* les foyers des rayons réfractés pris (par
la méthode précédente) dans cet axe prolongé,
auquel les rayons incidents de part & d'autre
ſont parallèles. Cela poſé : du centre E de
la lentille, décrivez un cercle ſur le diamètre F*f*; enſuite prenez un point quelconque
Q pour foyer des rayons incidents; tirez par E
la ligne QE qui coupe le cercle en T & *t*; ſur
cette ligne prenez *tq* proportionnelle à *t*E,
comme *t*E ou TE eſt proportionnelle à TQ
(*tq* pris du côté oppoſé à celui où ſe trouve
TQ par rapport à T): & *q* ſera le foyer des

_____

(3) L'axe eſt la ligne qui coupe perpendiculairement
les deux ſurfaces de la lentille.

rayons réfractés, du moins fans erreur fenfible, pourvu que le point Q ne foit pas affez loin de l'axe, & que la lentille n'ait pas un affez grand diamètre pour que les rayons tombent trop obliquement fur les furfaces réfringentes.

C'eft par ces méthodes qu'on peut trouver la courbure des furfaces réfléchiffantes ou réfringentes, propre à faire une lentille qui raffemble, en un endroit donné, les rayons venus d'un endroit donné.

L'axiome qui fait le fujet de cet article fe réduit donc à la propofition fuivante. Des rayons incidents fur une furface plane ou fphérique, réfléchiffante ou réfringente, ceux qui convergent vers un point Q ou en divergent, une fois réfléchis ou réfractés, divergent du point q (trouvé par la méthode précédente), ou convergent vers ce point. Si les rayons incidents divergent de différents points Q ou y convergent, les rayons réfléchis ou réfractés divergeront d'autant d'autres points q (trouvés par la méthode précédente), ou convergeront vers ces points. La fituation du point q fait connoître fi les rayons réfléchis ou réfractés en divergent ou y convergent: car fi ce point eft du même

côté de la surface réfléchissante ou réfringente
que le point Q, & si les rayons incidents divergent du point Q; alors ceux qui sont réfléchis
convergeront vers le point *q*, & ceux qui sont
réfractés divergeront de ce point. Mais si les
rayons incidents convergent vers le point Q;
réfléchis, ils divergeront du point *q*; réfractés,
ils y convergeront. Le contraire arrivera, si *q*
est de l'autre côté de la surface.

VII. AXIOME. *En quelque endroit que les
rayons venus des différents points d'un objet,
soient réunis par réflexion ou réfraction en
autant de points correspondants; ils formeront
une image de cet objet sur la surface où ils
seront projetés.*

Fig. 3. Soient PR un objet extérieur, & AB un
objectif adapté au volet d'une chambre obscure,
pour faire converger au point *q* les rayons qui
viennent d'un point quelconque Q de l'objet.
Si on interpose une feuille de papier blanc en *q*,
perpendiculairement à l'axe de l'objectif; on
verra s'y peindre une image fidèle de cet objet.
Car les rayons qui partent des autres points P
& R, se réuniront en autant d'autres points

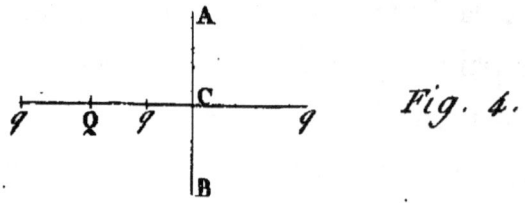

Fig. 4.

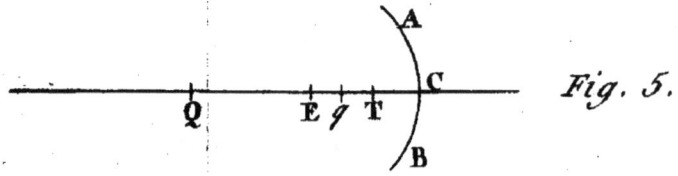

Fig. 5.

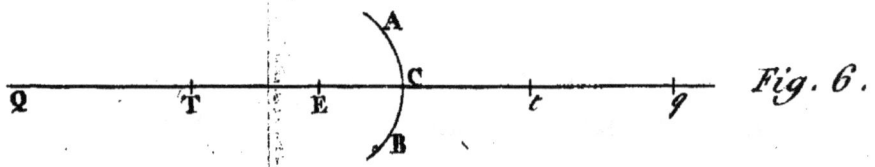

Fig. 6.

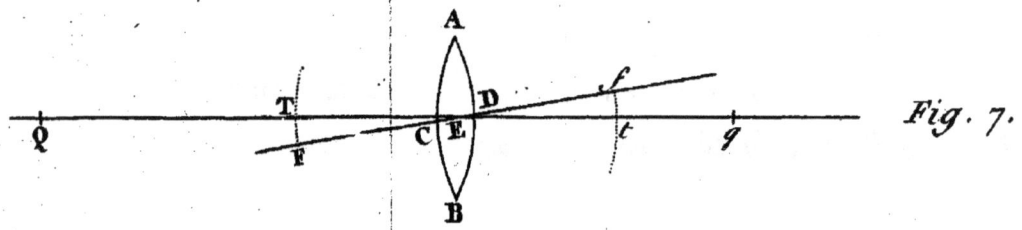

Fig. 7.

correſpondants *p* & *r*, comme ceux qui viennent du point Q ſe réuniſſent au point *q* (conformément au VI. Axiome). Ainſi, chaque point de l'objet illumine un point correſpondant ſur le papier, & la réunion de ces points y forme une image en tout ſemblable à l'objet, à cela près qu'elle eſt renverſée. Voilà d'où viennent les images qui paroiſſent au foyer des lentilles, lorſqu'on en reçoit les rayons dans un endroit obſcur.

De même lorſqu'on regarde un objet PQR, Fig. 8. les rayons qui partent de ſes différents points ſouffrent de pareilles réfractions, en traverſant les tuniques & les humeurs de l'œil (c'eſt à dire, la cornée tranſparente EFG, & le cryſtallin AB); de la ſorte rendus convergents, ils ſe réuniſſent en autant de points au fond de l'œil, & tracent l'image de l'objet ſur la rétine qui tapiſſe ce fond. On ſait qu'ayant dépouillé l'œil de ſa membrane nommée ſclérotique, on peut voir diſtinctement les objets peints ſur la rétine. Ce ſont ces images qui, propagées par le mouvement le long des nerfs optiques juſqu'au cerveau, deviennent la cauſe de la viſion. Car ſuivant qu'elles ſont parfaites ou imparfaites, l'objet eſt vu parfaitement où imparfaitement. Si les humeurs de l'œil ont quelque teinte particulière, comme cela arrive dans la jauniſſe ; les images tracées au fond de l'œil feront également teintes, & tous les objets paroîtront de cette couleur. Si ces humeurs, deſſéchées par l'âge, rendent la cornée & le cryſtallin moins convexes, alors les rayons trop peu réfractés, ceſſant de ſe réunir fur la rétine, concourront en quelque endroit au delà ; l'image qu'ils traceront au fond de l'œil fera donc confuſe, & l'objet ne fera pas aperçu diſtinctement. Voilà d'où vient l'affoibliſſement de la vûe des perſonnes âgées : auſſi ce défaut eſt-il corrigé par les lunettes, dont les verres ſuppléent à la diminution de convexité de l'œil ; & comme ils augmentent la réfraction, les rayons rendus plus convergents ſe réuniſſent diſtinctement fur la rétine, lorſque ces verres ont le degré convenable de convexité. Le contraire arrive à ceux qui ont la vûe courte ; car leurs yeux, déja trop convexes, armés de ces verres, n'en deviennent que plus propres à rendre la réfraction trop conſidérable : dans ce cas, les rayons ſe réuniſſent avant d'avoir atteint

le

le fond de l'œil, & l'image tracée fur la rétine ceffe d'être diftincte, de même que la vifion qui en réfulte; à moins que l'objet ne foit affez rapproché de l'œil pour que les points de concours des rayons convergents tombent fur la rétine, ou que la trop grande convexité de l'œil ne foit corrigée au moyen d'un verre concave, ou enfin que l'œil applati par l'âge n'ait acquis de meilleures dimenfions : car les myopes voient les objets éloignés plus diftinctement dans leur vieilleffe que dans leur jeuneffe; auffi s'imagine-t-on que leur vue eft de plus longue durée que celle des presbytes.

VIII. Axiome. *Un objet vu par réflexion ou réfraction paroît à l'endroit d'où les rayons divergent après leur dernière réflexion ou réfraction, lorfqu'ils tombent fur l'œil.*

Si l'objet A eft vu dans un miroir *m n*, il   Fig. 9. ne paroîtra pas en fon vrai lieu, mais derrière le miroir en *a*, d'où les rayons A B, A C, A D venus d'un feul point de l'objet, après avoir été réfléchis aux points B, C, D, divergent du miroir en E, F, G; & d'où ils tombent fur

Tome I.   B

l'œil. Car ces rayons tracent la même image
fur la rétine, que s'ils étoient venus d'un objet
réellement placé en *a* & vu fans miroir. C'eft
ainfi que fe fait toujours la vifion, en ce qui
concerne le lieu & la figure des objets.

Fig. 2. Pareillement l'objet D, vu à travers un
prifme, ne paroît pas en fon vrai lieu D;
mais en *d* dans la direction du rayon FG
prolongé après la dernière réfraction.

Fig. 10. De même l'objet Q, vu au travers de la
lentille AB, paroitra en *q*, d'où les rayons
divergent en venant de la lentille à l'œil. Or
il faut obferver que l'objet, vu de la forte,
paroît plus grand ou plus petit que s'il étoit
vu immédiatement en Q; à raifon de ce que
l'image eft plus ou moins éloignée de la lentille AB, que l'objet en Q n'en eft éloigné
lui-même.

Si l'objet eft vu à travers deux, trois, quatre,
cinq &c. verres convexes ou concaves; chaque
verre formera une nouvelle image: or la place
& la grandeur apparentes de l'objet feront dé-
terminées par la dernière image. C'eft de là
que dépend la théorie des Microfcopes & des
Télefcopes: car cette théorie confifte prefque

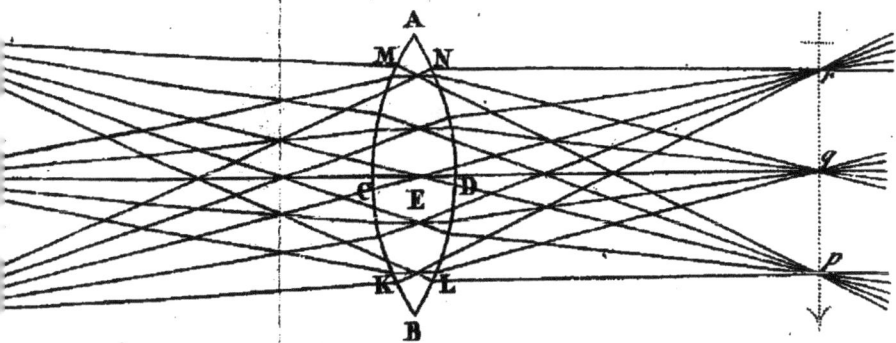

Fig. 3.

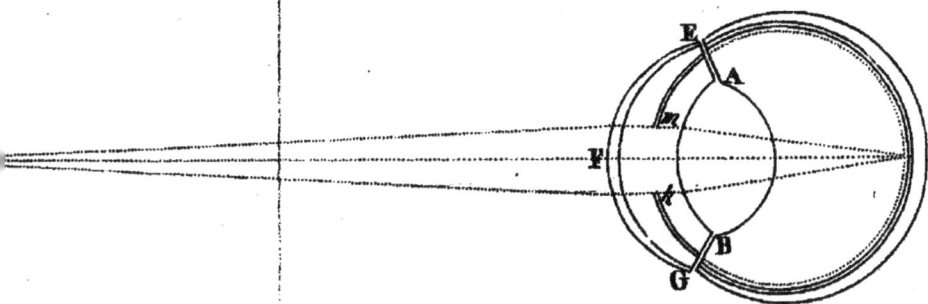

Fig. 8.

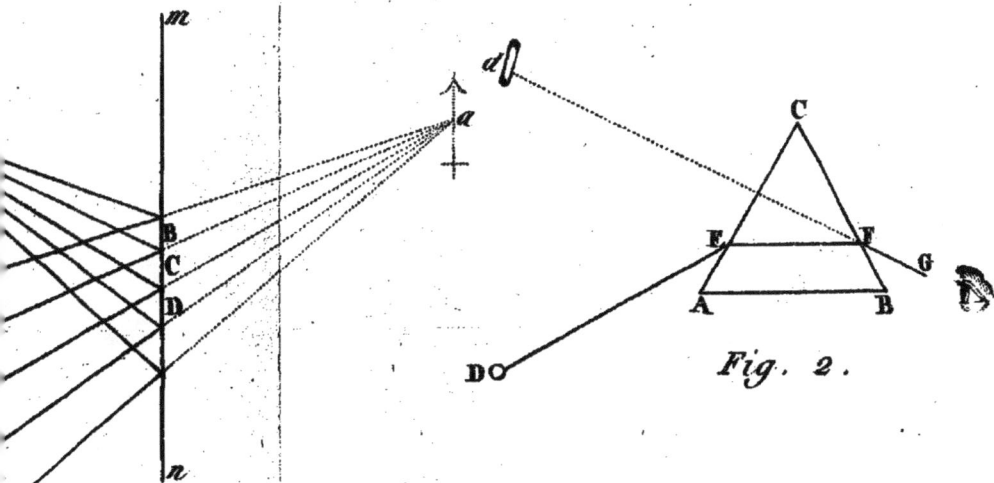

Fig. 2.

uniquement à déterminer la courbure des verres, propre à rendre l'image d'un objet auſſi diſtincte, auſſi étendue, & auſſi lumineuſe qu'elle peut l'être.

Voilà en peu de mots à quoi ſe réduiſent nos connoiſſances optiques. Je vais travailler à les étendre; & ſi, dans le cours de mes recherches, j'établis quelques principes nouveaux, ils ſeront toujours fondés ſur des vérités généralement admiſes. Au reſte, cette expoſition ſuccinĉte ſervira d'introduction à mon ouvrage pour ces Lecteurs qui, ſans être verſés dans l'Optique, ont l'eſprit juſte & pénétrant. A l'égard de ceux à qui cette Science eſt familière & qui ont examiné des verres de lunettes, ils auront beaucoup moins de peine à me ſuivre.

PROPOSITIONS FONDAMENTALES.

PREMIÈRE PROPOSITION.

THÉORÈME I. *LES rayons qui diffèrent en couleur, diffèrent aussi en réfrangibilité.*

Proposition dont la vérité est fondée sur plusieurs expériences.

Fig. 11.   I. EXPÉRIENCE. Ayant pris un papier DGE, noir, épais, oblong, & terminé par des côtés parallèles, je le distinguai en deux parties égales au moyen d'une perpendiculaire FG. De ces parties je peignis l'une GE en rouge, l'autre DG en bleu, avec des couleurs foncées, afin que les phénomènes fussent plus sensibles. Puis je regardai ce papier à travers un prisme *a*B, ou plutôt à travers l'un des angles (que je nommerai angle réfringent), dont les deux côtés AB & BC, plans & bien polis, étoient inclinés entre eux d'environ 60 degrés.

Le papier se trouvoit devant une croisée MN (4) parallèlement au prisme & à l'horison,

_____

(4) La ligne transversale étoit perpendiculaire au plan de la croisée.

de forte que la lumière qu'il recevoit de la croifée & la lumière qu'il réfléchiffoit à l'œil faifoient des angles égaux. Au dela du prifme le deffous de la croifée étoit tendu de drap noir, & ce drap étoit entièrement dans l'obfcurité, pour empêcher qu'il n'en vînt aucune lumière qui pût fe mêler à celle que le papier réfléchiffoit & obfcurcir les phénomènes. Les chofes étant ainfi difpofées, j'obfervai que, fi l'angle réfringent A a étoit tourné en haut de forte que l'image fût élevée par la réfraction, la moitié bleue paroiffoit plus haute que la moitié rouge : mais fi l'angle réfringent étoit tourné en bas de forte que l'image fût abaiffée par la réfraction, la moitié bleue paroiffoit plus baffe que la moitié rouge. Dans ces deux cas, la lumière bleue tranfmife à l'œil à travers le prifme, fouffrant une plus grande réfraction que la lumière rouge, eft donc néceffairement plus réfrangible (5).

_____

(5) J'ai fondu l'explication des Figures 11 & 12 dans la defcription des deux premières expériences, comme l'Auteur lui-même a eu foin de le faire dans la plupart de fes autres expériences. *Note du Traducteur.*

B 3

Fig. 12. II. EXPÉRIENCE. Autour de la bande de
papier DE, peinte moitié en rouge moitié en
bleu, je passai plusieurs fils déliés de soie très-
noire, qui paroiffoient comme autant d'ombres
bien terminées. Ainsi enveloppée je l'appliquai
contre un mur, de manière que la ligne tranf-
verfale qui féparoit ces couleurs étoit perpendiculaire à l'horison. Fort près de l'extrémité
inférieure de cette ligne, je plaçai la flamme
d'une chandèle pour éclairer l'objet ; car l'expérience fut faite de nuit. Enfuite à 6 pieds, 1
ou 2 pouces de diftance, j'élevai verticalement
un objectif MN, de 51 lignes de diamètre, &
de 6 pieds 1 ou 2 pouces de foyer. Puis je
projetai fur un carton blanc les rayons réfléchis par le papier peint, & réfractés par l'objectif. Enfin, variant la diftance du carton, je
cherchai avec la plus grande attention les points
où les lignes noires paroiffoient le mieux tran-
chées, c'eft à dire, les points où leurs images
avoient la plus grande netteté ; & je trouvai
que, lorfque l'une paroiffoit diftincte, l'autre
paroiffoit très-confufe. Or le point *hi* où la
bleue étoit la plus diftincte fe trouvoit de 18
lignes plus proche de l'objectif, que le point

HI où la rouge étoit la plus diſtincte. Donc, à incidences égales, les rayons bleus, concourant de cette quantité plus près de l'objectif que les rouges, étoient plus réfractés; d'où il ſuit qu'ils ſont plus réfrangibles.

Scholie. Les réſultats ne changent point, quoiqu'on varie un peu ces expériences, ſoit en inclinant plus ou moins à l'horiſon le priſme & le papier, ſoit en traçant des lignes colorées ſur du papier fort noir. Dans la deſcription que j'en ai faite, j'ai marqué les circonſtances qui peuvent rendre les phénomènes plus ſenſibles, ou inſtruire un Commençant à les répéter; circonſtances d'ailleurs particulières à ma méthode. J'en uſerai ſouvent de la ſorte dans la ſuite : ce qui ſoit dit en paſſant une fois pour toutes.

Au reſte, il ne réſulte pas des expériences précédentes que toute la lumière réfléchie par la partie du papier peinte en bleu, ſoit plus réfrangible que toute la lumière réfléchie par la partie peinte en rouge : car elles ſont l'une & l'autre mêlées de rayons différemment réfrangibles : dans le rouge, il ſe trouve quelques rayons qui ne ſont pas moins réfrangibles que

les bleus, & dans le bleu quelques rayons qui
ne font pas plus réfrangibles que les rouges.
Mais ces rayons font en fort petit nombre;
& quoiqu'ils contribuent à rendre les réfultats
moins nets, ils ne fauroient les détruire. Si
les teintes rouge & bleue du papier étoient
plus foibles & moins foncées, les images feroient à moins de 18 lignes l'une de l'autre;
& elles feroient à une diftance plus confidérable, fi ces teintes étoient plus foncées & plus
vives. Quoi qu'il en foit, ces expériences peuvent fuffire quant aux couleurs des corps : à
l'égard des couleurs prifmatiques, la propofition
qui fait le fujet de cet article fera confirmée
par les expériences détaillées à l'article fuivant.

SECONDE PROPOSITION.

THÉORÈME II. *La lumière du foleil eft
compofée de rayons différemment réfrangibles.* (A).
Propofition dont la vérité eft fondée fur
plufieurs expériences.

III. EXPÉRIENCE. Ayant introduit un faifceau
de rayons folaires dans une chambre fort obfcure,
par un trou rond de quatre lignes fait au volet
de croifée, je le fis paffer à travers un prifme

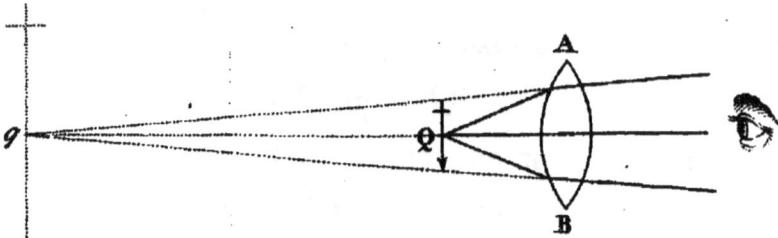

Fig. 10.

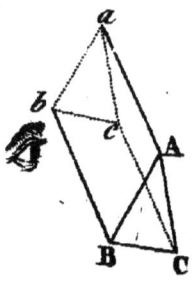

Fig. 11.

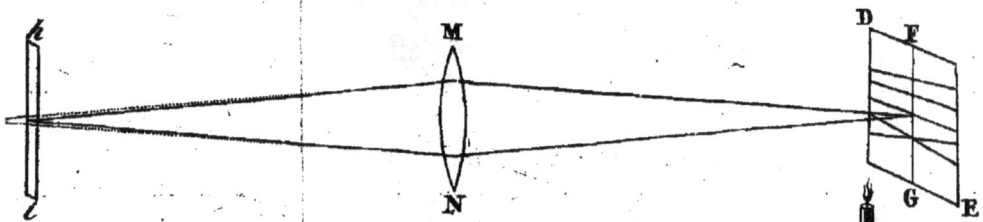

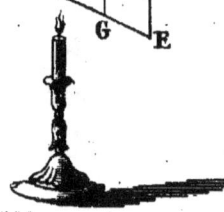

Fig. 12.

de verre pur, de manière que la réfraction les
projetoit fur le mur au fond de la chambre, où
ils traçoient une image colorée du foleil. En tournant de part & d'autre, mais lentement, le prifme fur fon axe (6), qui étoit perpendiculaire aux
rayons ; je voyois l'image monter & defcendre.
Lorfqu'elle parut ftationaire, entre ces deux mouvements oppofés, je fixai le prifme ; car alors les
réfractions des rayons aux deux côtés de l'angle
réfringent (c'eft à dire, à leur entrée & à leur
fortie), étoient égales entr'elles (7): enfuite je
reçus cette image fur une feuille de papier blanc,
perpendiculaire aux rayons ; puis j'obfervai fes
dimenfions & fa figure. Oblongue, fans être
ovale, elle étoit terminée affez nettement par deux
côtés rectilignes & parallèles, mais confufément
par deux bouts femi-circulaires, où la lumière,
s'affoibliffant peu à peu, s'évanouïffoit enfin tout

---

(6) L'axe eft la ligne qui traverfe le milieu du
prifme d'un bout à l'autre, & parallèlement à fes côtés

(7) C'eft à ce point que le prifme fut toujours fixé,
lorfque je voulois que les réfractions aux deux côtés
de l'angle fuffent égales. Et c'eft à ce point que tous
les prifmes furent fixés dans les expériences qui fuivent,
à moins que je n'indique quelque autre pofition.

à fait. La largeur de l'image colorée répondoit à celle du disque solaire ; car à 18 pieds $\frac{1}{2}$ du prisme, elle étoit de 2 pouces $\frac{1}{8}$ environ, y compris la pénombre. Or, étant diminuée de tout le diamètre du trou fait au volet, c'est à dire, d'un quart de pouce, elle soutendoit au prisme un angle d'environ demi-degré, qui est le diamètre apparent du soleil. Mais la longueur de l'image étoit d'environ 10 pouces $\frac{1}{4}$, & celle des côtés rectilignes, d'environ 8 pouces, lorsque l'angle réfringent avoit 64 degrés. Quand cet angle étoit plus petit, la longueur de l'image étoit aussi plus petite, sa largeur demeurant la même. Si je tournois le prisme sur son axe, de manière à faire sortir les rayons plus obliquement de la seconde surface réfringente ; bientôt l'image devenoit plus longue d'un ou de deux pouces ; & elle s'accourcissoit d'autant, si je le tournois de manière à faire tomber les rayons plus obliquement sur la première surface réfringente. Aussi m'appliquai-je à donner au prisme la situation la plus propre à rendre égales entre elles les réfractions que les rayons souffroient à ses côtés. Celui dont je fis usage avoit quelques filandres qui s'étendoient d'un bout à l'autre, & qui dif-

perſoient irrégulièrement une partie des rayons
ſolaires , mais ſans augmenter ſenſiblement la
longueur du *ſpeƈtre* ; dénomination que je don-
nerai à l'image colorée : car ayant répété l'expérience avec d'autres priſmes , les réſultats furent
uniformes. Un priſme qui paroiſſoit exempt de
filandres , & dont l'angle réfringent étoit de 62°
30′ , forma une image d'environ 10 pouces en
longueur , à la diſtance de 18 pieds ½ du volet ;
la largeur du trou qui donnoit paſſage aux rayons
étant d'un quart de pouce. Mais comme il eſt aiſé
de ſe tromper ſur la ſituation convenable du
priſme , je répétai quatre ou cinq fois l'expérience,
& toujours la longueur de l'image ſe trouva telle
que je l'ai marquée. Avec un autre priſme d'un
verre plus pur , d'un poli plus parfait , & dont
l'angle réfringent étoit de 63° 30′ ; la longueur
de l'image à la même diſtance ſe trouva environ
de 10 pouces. Il eſt vrai qu'à trois ou quatre lignes
des extrémités de l'image , la lumière paroiſſoit
un peu purpurine ; mais cette teinte étoit ſi foible
que je l'attribuai en grande partie à quelques
rayons irrégulièrement diſperſés par quelque inégalité dans la matière & le poli du priſme : auſſi
ne l'ai-je pas ajoutée aux meſures dont je viens

de parler. Au reſte, la différente grandeur du
trou fait au volet, la différente épaiſſeur du
priſme à l'endroit où les rayons le traverſent, &
les différentes inclinaiſons de ſon axe à l'horiſon,
ne produiſoient aucun changement ſenſible dans
la longueur de l'image. La différente matière des
priſmes n'y en produiſoit non plus aucun (B):
car avec un priſme à eau, les réfractions furent
égales. D'ailleurs, comme les rayons émergeoient du verre en ligne droite, ils avoient
tous l'inclinaiſon réciproque qui donnoit (8) la
longueur de l'image, c'eſt à dire, une inclinaiſon
de plus de 2 degrés & $\frac{1}{2}$. Suivant les loix connues
de la Dioptrique, il n'étoit pourtant pas poſſible qu'ils fuſſent ſi fort inclinés l'un à l'autre.
Car ſoient E G le volet ; F le trou qui donne
paſſage au faiſceau de rayons ; A B C le priſme
vu par un de ſes bouts ; X Y le ſoleil ; M N le
papier blanc ſur lequel eſt projetée l'image
ſolaire P T, dont les côtés parallèles *v* & *w* ſont

Fig. 13.

_____

(8) J'ai meſuré la longueur de l'image depuis le rouge
extérieur le plus foible à l'une des extrémités, juſqu'au
bleu extérieur le plus foible à l'autre extrémité ; à part
une petite pénombre, dont la largeur excédoit à peine
trois lignes, comme je l'ai obſervé plus haut.

rectilignes , & les extrémités P & T femi-circulaires. Soient aussi Y K H P, & X L J T, deux
rayons, dont le premier , allant de la partie inférieure du soleil à la partie supérieure de l'image,
est réfracté par le prisme en K & H ; &
le dernier , allant de la partie supérieure du
soleil à la partie inférieure de l'image, est
réfracté en L & J. Cela posé , il est clair que
la réfraction en K étant égale à la réfraction
en J, & que la réfraction en L étant égale à la
réfraction en H ; les réfractions totales des rayons
incidents en K & L, font égales aux réfractions
totales des rayons émergents en H & J : d'où
il suit , (en ajoutant choses égales à choses égales) que les réfractions en K & H , prises enfemble, font égales aux réfractions en J & L,
prises ensemble : par conséquent, les deux rayons,
supposés également réfractés , devroient confer-
ver, après leur émergence, l'inclinaison qu'ils
avoient avant leur incidence , c'est à dire, l'inclinaison d'un demi-degré, diamètre apparent
du soleil.

La longueur de l'image foutendroit donc au
prisme un angle d'un demi-degré, elle feroit donc
égale à la largeur v w : ainsi, l'image feroit ronde.

Ce qui arriveroit infailliblement, si les deux rayons X L J T, & Y K H P, & tous les autres qui concourent à former l'image P w T v, étoient également réfrangibles. Mais puisqu'elle est environ cinq fois plus longue que large, les rayons portés par la réfraction à son extrémité supérieure P, doivent être plus réfrangibles que les rayons portés à son extrémité inférieure T, si toutefois leur inégalité de réfraction n'est pas accidentelle. Or l'image P T étant rouge à son extrémité supérieure, violette à son extrémité inférieure, & jaune, verte, bleue dans l'espace intermédiaire; il suit nécessairement que les rayons qui diffèrent en couleur, diffèrent aussi en réfrangibilité.

IV. EXPÉRIENCE. Ayant reçu le trait solaire introduit dans la chambre obscure, sur un prisme placé à quelques pieds du volet, de manière que l'axe fût perpendiculaire aux rayons incidents; je regardai à travers le prisme, le tournant de part & d'autre sur son axe, pour faire monter & descendre l'image du trou. Lorsqu'elle me parut stationaire, je fixai le prisme, afin que les réfractions aux deux côtés de

l'angle réfringent fuſſent égales. Puis examinant
l'image réfractée du trou, j'obſervai que ſa longueur ſurpaſſoit de beaucoup ſa largeur , &
que la partie la plus réfractée paroiſſoit violette,
que la moins réfractée paroiſſoit rouge, & que
les parties intermédiaires paroiſſoient bleue.,
verte, jaune.

Les mêmes phénomènes reparurent , lorſqu'ayant porté le priſme à l'œil , je regardai
le trou éclairé par la lumière du ciel. Or ſi
les rayons ſe réfractoient régulièrement, ſuivant
certain rapport entre les ſinus d'incidence & de
réfraction , comme on le ſuppoſe communé·
ment, l'image réfractée ſeroit ronde.

Il eſt donc prouvé par ces deux expériences,
qu'à incidences égales , les rayons ſe réfractent
très-inégalement. Mais d'où vient cette inégalité de réfraction ? De ce que les rayons incidents ſont (conſtamment ou fortuitement) plus
réfractés les uns que les autres, ou de ce que
le même rayon eſt fendu, diſſipé, & éparpillé en
pluſieurs rayons divergents, comme le ſuppoſe
Grimaldo. Quelle eſt la vraie de ces deux cau-
ſes? C'eſt ce qui paroitra par les expériences
qui ſuivent.

V. EXPÉRIENCE. Si (dans la III. Expérience) l'image réfractée du soleil avoit pris une
forme oblongue par la dilatation de chaque
rayon, ou par quelque autre cause accidentelle ;
cette image, étant de nouveau réfractée latéralement, s'étendroit en largeur dans la même
proportion. Voulant savoir à quoi m'en tenir là-
dessus, je plaçai deux prismes immédiatement
l'un après l'autre, de manière que leurs axes se
coupoient à angles droits. Ainsi, le trait solaire
étoit réfracté de bas en haut par le premier, de
côté par le second : cependant la largeur de
l'image n'augmenta point ; mais dans les deux
prismes les rayons de sa partie violette paroissoient souffrir de plus grandes réfractions que les
rayons de sa partie rouge.

Fig. 14.　　Pour le démontrer, je suppose que S soit le
soleil ; F, le trou fait au volet ; A B C, le premier prisme ; D H, le second prisme ; Y, l'image
ronde du soleil, produite par le trait direct ; PT,
l'image oblongue du soleil, produite par ce trait
transmis à travers le premier prisme ; & p t, l'image oblongue du soleil, produite par ce trait transmis à travers le second prisme. Cela posé, si les
rayons qui tendent vers les différents points de
l'image

l'image ronde Y, une fois réfractés par le premier prisme, cessoient de tendre vers les mêmes points, & se fendoient, s'éparpilloient, se changeoient chacun en une file de rayons divergents, formant un même plan avec les angles d'incidence & de réfraction, de manière qu'ils se répandissent sur autant de lignes de ces plans menées presque d'un bout à l'autre de l'image P T; il est évident que ces rayons réfractés latéralement par le second prisme, ne seroient pas moins dilatés & éparpillés de côté; d'où résulteroit une image quarrée $\pi \tau$. Pour rendre la démonstration plus complette encore, je distingue l'image P T en cinq parties égales, P Q K, K Q R L, L R S M, M S V N, N V T; & je fais ce raisonnement : si les rayons étoient fendus par la réfraction, ils se disperseroient chacun sur un espace triangulaire, en divergeant du point où ils se réfractent ; ainsi, leurs réfractions aux surfaces du second prisme les disperseroient d'un côté, autant que leurs réfractions aux surfaces du premier prisme les auroient dispersés de l'autre ; l'image totale ne seroit donc pas moins étendue en largeur qu'en longueur. Or la même cause, en vertu de laquelle les rayons de l'image

Tome I. C

orbiculaire Y, dilatés par le premier prisme,
viendroient à former l'image oblongue PT,
feroit que les rayons de sa partie PQK, qu¹
occupe un espace égal en longueur & en largeur
à l'image orbiculaire, étant dilatés par le second
prisme, viendroient aussi à former l'image oblongue π q x p; tandis que les rayons de la partie
KQRL formeroient l'image oblongue k q r l,
& que les rayons des parties LRSM, MSVN,
NVT, formeroient autant d'autres images oblongues l r s m, m s v n, n v t τ : ainsi, toutes ces images oblongues, rangées latéralement, compo-
seroient l'image quarrée π τ. Mais au lieu d'être
élargie par le second prisme, l'image PT devient seulement oblique, comme p t ; l'extrémité
supérieure ou violette P, étant transportée par
la réfraction à une plus grande distance que
l'extrémité inférieure ou rouge T. Donc, à incidences égales, les rayons violets, étant plus
réfractés que les rayons rouges & par le second
prisme & par le premier, sont nécessairement
plus réfrangibles.

Ayant mis un troisième prisme après le second,
& un quatrième après le troisième, pour que
l'image pût être plusieurs fois réfractée latéra-

lement ; les mêmes phénomènes eurent lieu. C'est donc à juste titre que ces rayons, constants à être plus réfractés que les autres, sont réputés plus réfrangibles.

Mais afin de mieux faire sentir la raison des résultats de cette Expérience, il est bon d'observer que les rayons également réfrangibles tombent tous sur un cercle ou espace orbiculaire qui répond au disque du soleil, conformément à la III. EXPÉRIENCE. Ainsi, en supposant que les différentes espèces de rayons sont successivement propagées de ce disque entier; soit AG, le cercle peint sur un plan par les plus réfrangibles; EL, le cercle peint par les moins réfrangibles; & BH, CJ, DK, les cercles peints par autant d'espèces de rayons intermédiaires. D'ailleurs, imaginez qu'il y a d'autres cercles intermédiaires innombrables, que d'innombrables espèces intermédiaires de rayons peindroient successivement sur ce plan, si le soleil envoyoit tour à tour chacune de ces espèces : mais comme il les envoie toutes à la fois, elles peignent une multitude innombrable de cercles égaux, qui, placés à la suite les uns des autres suivant leurs degrés de réfrangibilité, forment l'image oblongue PT de la

Fig. 15.

C 2

Fig. 14
& 15.

III. EXPÉRIENCE. Or, si l'image circulaire Y, que forment les rayons directs du soleil, étoit changée en image oblongue PT, par la dilatation de chacun de ces rayons, ou par quelque irrégularité qui tînt aux réfractions du premier prisme ; il arriveroit, par les réfractions latérales du second prisme, que chaque cercle AG, BH, CJ, &c. de cette image seroit pareillement changé en figure oblongue ; ce qui rendroit la largeur de l'image PT égale à sa longueur : ainsi, les réfractions réunies des deux prismes formeroient la figure quarrée $p\pi t\tau$, décrite plus haut. Puis donc que les réfractions latérales n'augmentent point la largeur de l'image PT, il est certain que les rayons ne sont ni fendus, ni dilatés, ni dispersés irrégulièrement par la réfraction ; mais que chaque cercle est transporté tout entier en un autre endroit, au moyen d'une réfraction régulière & uniforme ; le cercle AG en ag, par la plus grande réfraction ; le cercle EH en bh, par une moindre réfraction ; le cercle CI en ci, par une réfraction plus petite ; ainsi du reste. Voilà pourquoi une nouvelle image pt, inclinée à la précédente PT, est composée de pareils cercles rangés en droite ligne ; car les images Y, PT, & *pt* ont la même largeur à égales distances du prifme.

D'une autre part, confidérant que la largeur du trou F, qui donne paſſage au faiſceau dans la chambre obſcure, occaſionne autour de l'image Y une pénombre, qui tombe ſur les côtés rectilignes des images PT & *pt* ; je mis devant ce trou l'objectif d'un téleſcope, afin de porter diſtinctement l'image du ſoleil en Y ſans aucune pénombre. Par ce moyen, la pénombre des côtés rectilignes des images oblongues PT & *pt* diſparut, & ils furent terminés auſſi diſtinctement que la circonférence de la première image Y. Ce qui arrive pareillement lorſque les priſmes ſont exempts de filandres, & que leurs côtés ſont bien plans, bien polis. La pénombre étant ſupprimée, j'inférai, avec plus de certitude, que les rayons de chacun de ces cercles ſont réfractés d'une manière régulière & uniforme en vertu d'une loi conſtante : autrement, les lignes AE & GL, que chacun de ces cercles touche dans l'image PT, étant portées par la réfraction du ſecond priſme ſur les lignes *ae* & *gl*, ne pourroient pas coïncider ; & elles feroient voir quelque pénombre, quelque courbure, quelque ondulation, ou quelque autre confusion sensible causée par les rayons inégalement réfractés des bords de chaque cercle.

Mais comme il n'y a point de confusion dans ces lignes droites, il n'y en a point non plus dans les cercles; & comme la distance entre ces tangentes n'est pas augmentée par les réfractions, le diamètre des cercles n'est pas augmenté non plus. Ces tangentes continuent de former des droites parallèles; & les rayons de chaque cercle, qui sont plus ou moins réfractés par le premier prisme, sont réfractés proportionnellement par le second. Enfin comme les mêmes résultats ont lieu, lorsque les rayons sont réfractés latéralement par un troisième & un quatrième prisme; il est évident que les rayons d'un seul & même cercle, sont constamment homogènes entre eux, par rapport à leur degré de réfrangibilité: tandis que les rayons de différents cercles diffèrent en degrés de réfrangibilité dans une proportion constante & déterminée. Ce que j'avois entrepris de démontrer.

Au reste, il y a une ou deux particularités

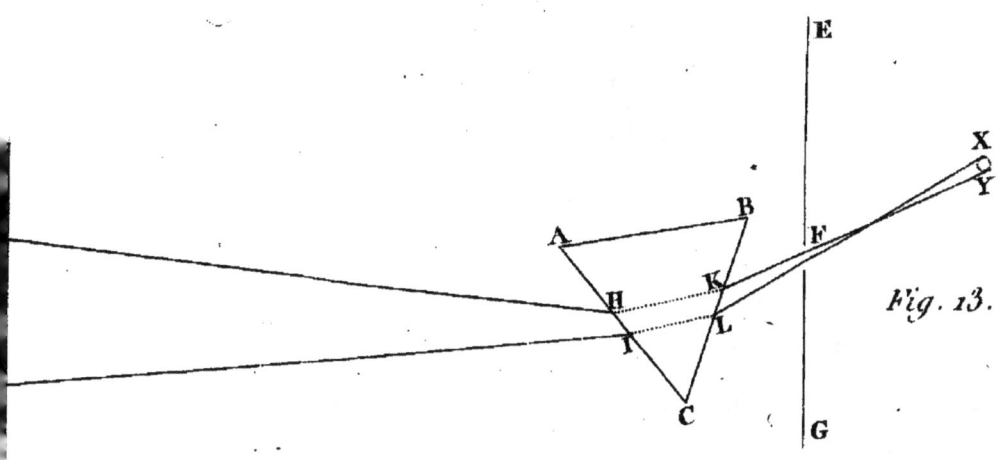

Fig. 13.

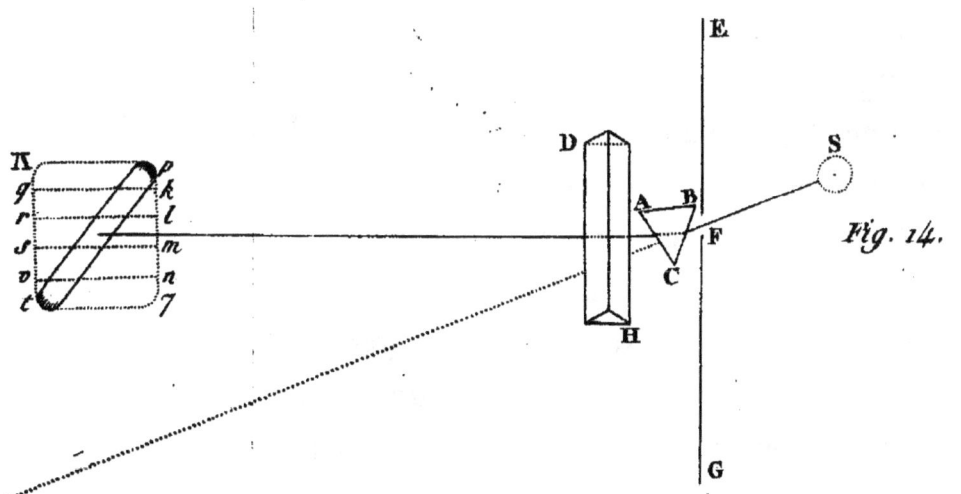

Fig. 14.

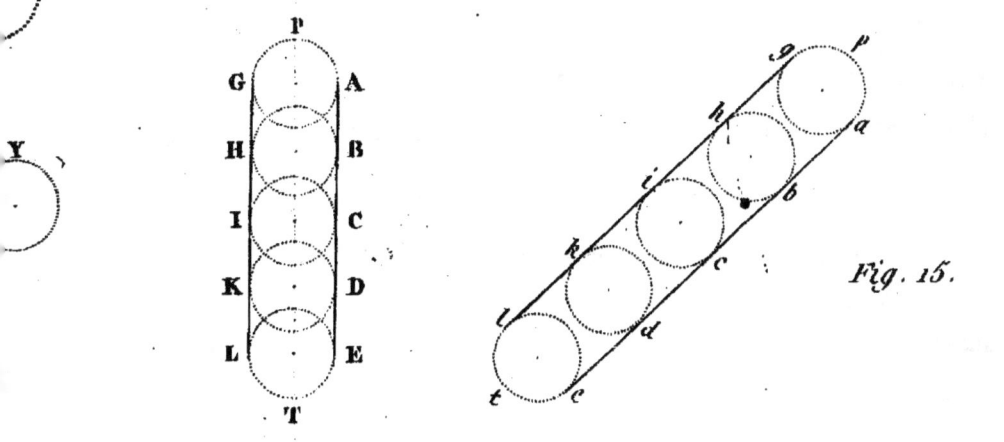

Fig. 15.

qui rendent plus démonftratifs encore les réfultats de cette Expérience. Que le fecond Fig. 16.
prifme DH foit placé à égale diftance du premier & du plan où l'image oblongue PT eft
projetée, de façon que les rayons émergents
de celui-ci tombent fur celui-là parallèlement
à fa longueur, fous la forme $\pi \tau$, & qu'ils foient
réfractés latéralement pour peindre fur le mur
l'image oblongue $p t$; on trouvera toujours que
l'image $p t$ eft inclinée à l'image PT, les extrémités (9) violettes P & p étant plus éloignées l'une de l'autre, que les extrémités rouges
T & t : par conféquent les rayons de l'extrémité violette π de l'image $\pi \tau$, qui dans le
premier prifme fouffrent une plus grande réfraction que les autres rayons, fouffrent auffi
dans le fecond prifme une plus grande réfraction proportionnelle.

La même chofe a lieu, en introduifant les
rayons du foleil dans une chambre obfcure par
deux petits trous ronds F & φ faits au volet, Fig. 17.

_____

(9) Ici, comme en plufieurs autres endroits du texte,
le mot *bleu* eft à la place du mot *violet*. *Note du Traducteur.*

l'un au deſſus de l'autre ; & en plaçant parallèlement deux priſmes ABC & αβγ au devant de chaque trou, de manière que les rayons
réfractés & projetés ſur le mur, peignent deux
images colorées& perpend iculaites PT & MN,
l'extrémité rouge T de l'une touchant l'extrémité violette M de l'autre. Or, ſi ces deux
traits ſont réfractés par un troiſième priſme
croiſant les deux premiers, de ſorte que les
images ſoient portées de côté ſur le mur, l'i-
mage PT en pt, & l'image MN en mn ;
elles ne ſe trouveront plus ſur une droite,
mais ſéparées l'une de l'autre & comme parallèles ; l'extrémité violette m de l'image mn,
étant portée par la réfraction plus loin de ſa
première place MT, que l'extrémité rouge t
de l'image pt ne l'eſt de la même place MT.
Ce qui rend la propoſition inconteſtable.

Au ſurplus les phénomènes ne changent
point, quoique le troiſième priſme DH ſoit
près ou loin des deux autres ; de ſorte que la
lumière réfractée par les deux premiers tombe
ſur le troiſième, ou blanche & orbiculaire, ou
colorée & oblongue.

VI. EXPÉRIENCE. Ayant introduit dans
ma chambre obscure un gros faisceau de rayons
solaires, par un trou fait au volet, je le fis
tomber sur un prisme peu distant ABC, de Fig. 18.
manière à projeter le spectre au fond de la
chambre. Proche de ce prisme j'élevai verticalement une planche mince DE, percée en G
d'un trou rond de quatre lignes, afin de tranfmettre une partie de la lumière réfractée. Enfuite, environ à 12 pieds de cette planche, j'en
élevai une autre *de* percée en *g* d'un pareil
trou, afin de ne donner passage qu'à une partie
de la lumière incidente. Immédiatement après
le dernier trou, je fixai un second prisme *a b c*
pour réfracter les rayons transmis. Alors je revins
promptement au premier : & le tournant peu
à peu sur son axe, je fis monter & descendre
l'image projetée sur la seconde planche; ensorte
que les rayons de toutes ses parties pouvoient
passer successivement par le trou de cette planche, & tomber sur le prisme qui étoit derrière :
en même temps je marquai sur le mur opposé
les endroits MN où tomboit chaque espèce de
rayons, après avoir été réfractés par le second
prisme; & tandis que le premier tournoit sur

fon axe, je remarquai que ces endroits placés
au deſſus l'un de l'autre changeoient ſans
ceſſe. Par leurs hauteurs reſpectives, je trouvai conſtamment que les rayons violets,
qui avoient ſouffert la plus grande réfraction dans le premier priſme , ſouffroient
auſſi la plus grande réfraction dans le ſecond
priſme ; & ainſi des autres eſpèces. Cela ſe paſ-
ſoit de la ſorte, ſoit que les axes des deux priſmes fuſſent parallèles, ſoit qu'ils fuſſent inclinés
l'un à l'autre & à l'horiſon, à angles donnés quelconques. Puis donc que les planches & le ſecond
priſme étoient immobiles, l'incidence des rayons
hétérogènes étoit égale dans tous ces cas. Cependant les rayons étoient plus réfractés les uns
que les autres : or ceux qui étoient le plus réfractés par le ſecond priſme, étoient auſſi le
plus réfractés par le premier ; ils peuvent donc,
à juſte titre, être réputés plus réfrangibles. Ce
qui prouve la *première Propoſition* auſſi bien
que la *ſeconde*.

VII. Eₓₚᵉʳᵢₑₙ𝒸ₑ. Ayant fait au volet
de croiſée deux trous près l'un de l'autre, au
devant de chacun je plaçai un priſme pour for-

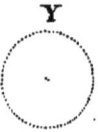

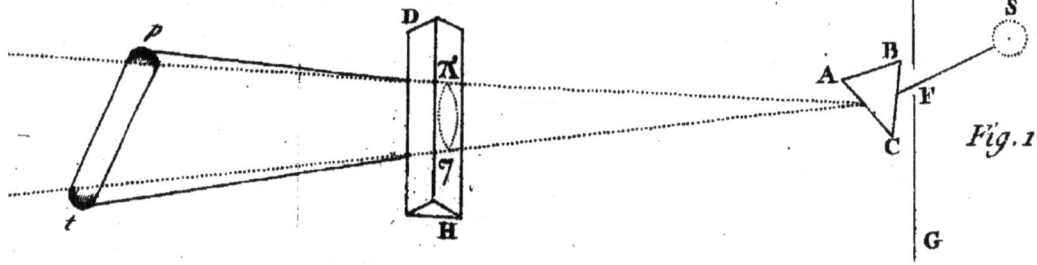

Fig. 1

Fig. 17

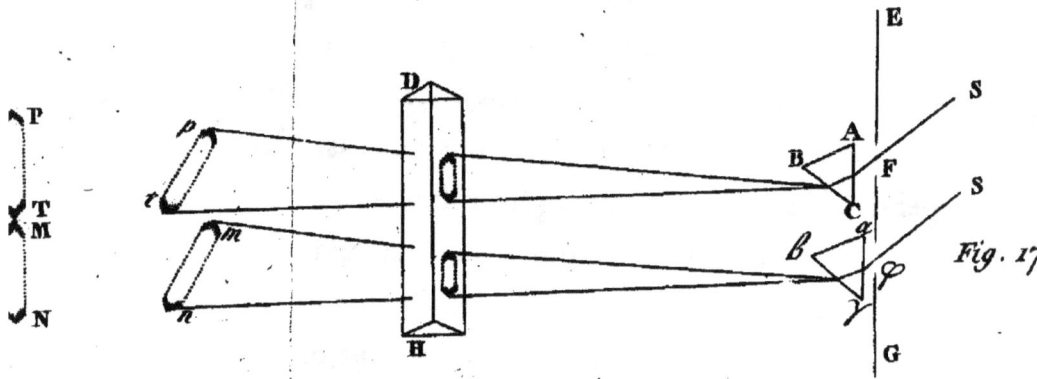

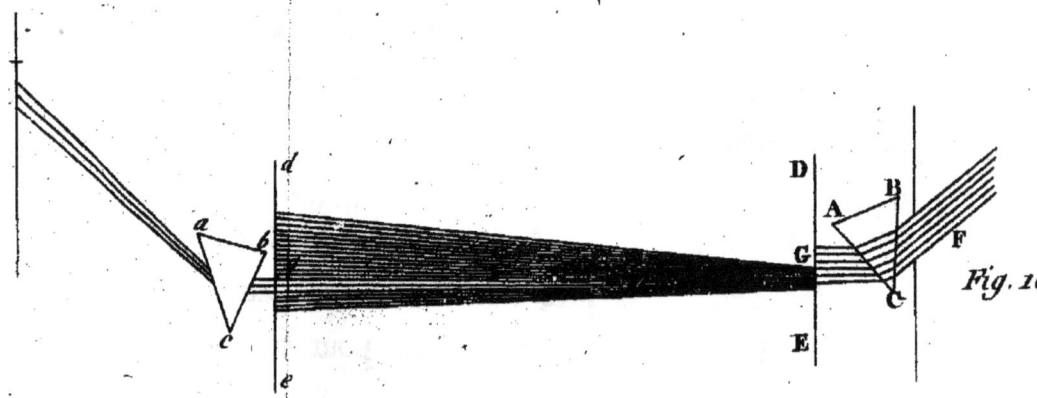

Fig. 1

mer fur le mur oppofé deux images folaires,
oblongues & colorées. Peu loin du mur, je mis
enfuite une bande de papier, longue, étroite, à
bords droits & parallèles : puis je difpofai les
prifmes & le papier, de manière que la partie
rouge de l'une des images & la partie violette
de l'autre tombaffent chacune fur une moitié
de la bande ; ainfi, le papier paroiffoit de deux
couleurs, rouge & violet, à peu près comme
celui des deux premières expériences. Derrière
ce papier j'étendis un drap noir, de crainte que
les réfultats de l'expérience ne fuffent troublés
par quelque lumière réfléchie de deffus le mur.
Alors regardant à travers un troifième prifme
parallèle au papier ; la moitié éclairée par les
rayons violets parut féparée de l'autre moitié
par une plus grande réfraction, fur-tout lorfque
je m'en éloignois confidérablement : car lorfque je regardois de trop près, les deux moitiés
du papier ne paroiffoient plus totalement féparées, mais contigues par un de leurs angles,
comme le papier de la I. Expérience. La même
chofe arrivoit, lorfque je me fervois d'un papier
trop large.

Quelquefois, au lieu de papier, j'employois

un fil blanc D G, illuminé de D en E par des rayons violets, & par des rayons rouges de E en G. Vu à travers un prisme, ce fil parut divisé en deux fils parallèles *de* & *fg*. Si une moitié du fil se trouvoit constamment illuminée de rouge, tandis que l'autre moitié étoit successivement illuminée de l'une des couleurs prismatiques (ce qui s'effectuoit en faisant tourner l'un des prismes sur son axe, l'autre restant immobile); la dernière illuminée de rouge, paroissoit sur une même droite avec la première : mais elle commençoit à s'en écarter dès qu'elle étoit illuminée d'orangé ; puis elle s'en écartoit de plus en plus, lorsqu'elle étoit illuminée de jaune, de vert, de bleu, d'indigo, & de violet foncé. Preuve évidente que les rayons de différentes couleurs sont proportionnellement plus réfrangibles les uns que les autres dans l'ordre qui suit, à commencer par les moins réfrangibles ; rouges, orangés, jaunes, verts, bleus, indigos, & violets foncés. Ce qui ne prouve pas moins la *première* que la *seconde Proposition*.

D'autres fois, je disposai les images colorées P T & M N, projetées au fond de la chambre obscure par la réfraction des deux prismes, de manière qu'elles étoient bout à bout fur une même ligne droite, comme dans la V. EXPÉRIENCE. Puis regardant ces images à travers un troifième prifme parallèle à leur longueur, elles parurent entièrement féparées l'une de l'autre & fur deux lignes comme *p t* & *m n* ; l'extrémité violette *m* de l'image *m n* étant tranfportée par une plus grande réfraction plus loin de fa place MT, que l'extrémité rouge *t* de l'image *p t*.

D'autres fois encore, je difpofai ces images PT & MN, de manière qu'elles coïncidèrent, leurs teintes fe trouvant placées en ordre inverfe : ainfi, l'extrémité rouge de l'une tomboit fur l'extrémité violette de l'autre, comme PTMN. Enfuite les ayant regardées à travers un prifme tenu parallèlement à leur longueur, elles ne parurent plus coïncidentes ; mais fous la forme de deux images diftinctes *p t* & *m n*, qui fe croifoient par le milieu, comme les jambages de la lettre X. D'où il paroît que les rayons rouges de l'une, & les rayons violets de l'autre, qui coïncidoient en PN & MT, (ayant été féparés par une plus grande réfraction du violet en *p* & *m*, que du rouge en *n* & *t*) font différemment réfrangibles.

Fig. 20.

Ayant pris un petit difque de papier blanc, je le couvris fucceffivement tout entier des rayons mélés de deux fpectres. Illuminé par les rouges de l'un & les violets de l'autre, il paroiffoit teint en pourpre : alors je le regardai (d'abord de près, puis de loin) à travers un troifième prifme ; & à mefure que je m'éloignois du papier, l'image ceffoit de paroître unique, en vertu de l'inégale réfraction des deux efpèces de rayons mélés en-femble ; enfuite elle fe partagea en deux images diftinctes, l'une rouge, l'autre violette : celle-ci, plus éloignée du papier, avoit conféquemment fouffert une plus grande réfraction.

Lorfque le prifme qui projetoit des rayons violets fur le papier fut ôté, l'image violette s'éva-nouït ; & lorfque l'autre prifme fut ôté, l'image rouge s'évanouït à fon tour : ce qui fait voir que ces deux images n'étoient produites que par des rayons de deux fpectres, confondus fur le papier teint en pourpre, & féparés par leurs réfractions inégales ; que caufoit le troifième prifme au travers duquel on regardoit le papier.

Une autre chofe digne de remarque, c'eft qu'en tournant fur fon axe l'un des prifmes pla-cés proche du volet, (celui, par exemple, qui

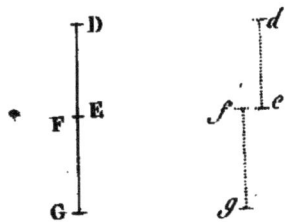

Fig. 19.

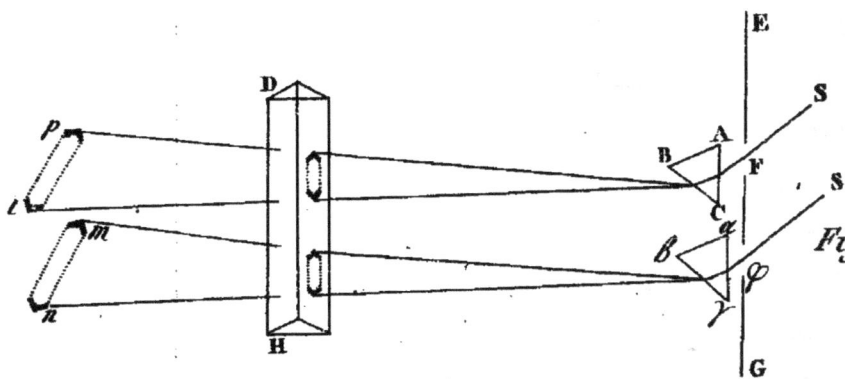

Fig. 17.

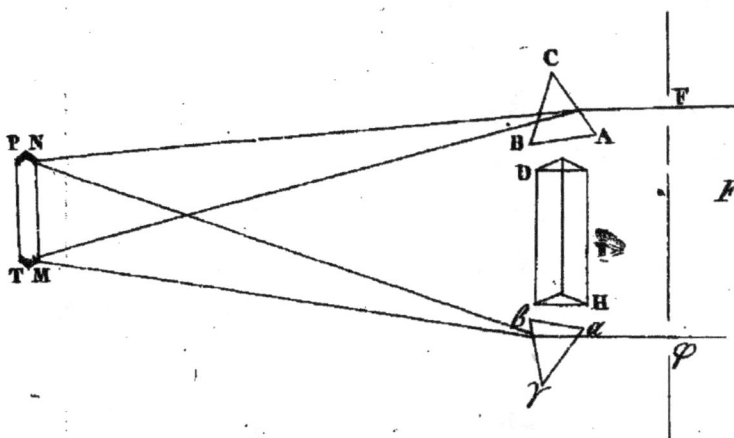

Fig. 20.

jetoit du violet fur le papier), pour que toutes les couleurs, favoir, le violet, l'indigo, le bleu, le vert, le jaune, l'orangé, & le rouge, tombaffent fucceffivement fur le papier; l'image violette paffoit fucceffivement à l'indigo, au bleu, au vert, au jaune, & approchoit de plus en plus de l'image rouge produite par l'autre prifme, jufqu'à ce qu'étant rouge à fon tour, les deux images coïncidèrent parfaitement.

Enfin je plaçai deux difques de papier à très-petite diftance, l'un fur la partie rouge & l'autre fur la partie violette des fpectres projetés bout à bout. Ces difques avoient chacun un pouce de diamètre : derrière eux, le mur étoit couvert de drap noir, afin que l'expérience ne fût point troublée par quelque lumière étrangère. Ainfi illuminés, je les regardai à travers un prifme, tenu de manière que la réfraction fe fît vers le rouge; & à mefure que je m'éloignois, les cercles s'approchoient l'un de l'autre, puis ils devenoient coïncidents. Enfin, ils fe féparèrent de nouveau, & dans un ordre inverfe, le violet étant tranfporté au delà du rouge par une plus grande réfraction.

VIII. EXPÉRIENCE. En été, faifon où la

lumière du soleil a le plus d'énergie, je reçus, comme dans la III. EXPÉRIENCE, un faisceau de rayons sur un prisme, placé de façon que l'axe en fût parallèle à celui de la Terre. A l'endroit du mur où tomboit le spectre, je fixai un livre ouvert. Ensuite à 6 pieds 2 pouces de distance, j'élevai verticalement un objectif de 6 pieds 2 pouces de foyer, afin de projeter sur un papier blanc les rayons réfractés, pour y peindre l'image des caractères illuminés de la sorte. Puis, ayant fixé l'objectif, je marquai l'endroit où étoit le papier, lorsque les caractères illuminés par le rouge le plus vif étoient peints avec le plus de netteté. Après quoi j'attendis que, par le mouvement du soleil, toutes les autres couleurs du spectre, depuis ce rouge jusqu'au milieu du bleu, tombassent tour à tour sur ces caractères. Lorsqu'ils furent illuminés par le bleu, je marquai l'endroit où étoit le papier, quand leur image avoit le plus de netteté; & je trouvai que dans ce dernier cas le papier étoit de 30 ou 33 lignes plus proche de l'objectif que dans le premier cas : les rayons violets du spectre se trouvoient donc d'autant plus tôt rassemblés par la réfraction que les rayons rouges. Au reste, en faisant cette expérience,

rience, j'eus foin d'obfcurcir la chambre le mieux qu'il me fut poffible : car les couleurs venant à être affoiblies par le mélange de quelque lumière étrangère , la diftance entre les foyers des rayons de différentes couleurs n'eft plus auffi grande.

Dans la II. Expérience , où j'employai des couleurs de corps naturels, cette diftance n'é- toit que de 18 lignes, à caufe de l'imperfection de ces couleurs. Mais ici où j'employai les couleurs du fpectre , qui font fans contredit plus vives & plus fortes, la diftance étoit de 33 lignes ; & fi ces cou- leurs étoient plus vives encore , je ne doute pas que cette diftance ne fût encore plus confidérable : car l'interpofition des cercles décrits dans la V. Expérience , de même que les reflets de la lu- mière du ciel, & les rayons difperfés par les inéga- lités à la furface du prifme , altéroient fi fort les couleurs du fpectre, que les images des caractè- res illuminés par l'indigo & le violet (couleurs foi- bles & obfcures), projetées fur le papier, n'étoient pas affez marquées pour être vues diftinctement.

IX. Expérience. Après avoir fait paffer à travers un prifme ABC (dont les angles B & C à la bafe étoient chacun de 45°), le faifceau folaire

Fig. 21.

Tome I.   D

F M , de manière qu'il tombât perpendiculairement à la première furface AC , fe réfléchît
en M à la bafe, & fortît perpendiculairement
à la feconde furface A B; je tournai lentement
ce prifme fur fon axe, jufqu'à ce que tous les
rayons qui avoient été réfractés par un de fes
angles C, euffent commencé à fe réfléchir à la
bafe, d'où jufqu'alors ils avoient émergé du
prifme ; & j'obfervai que les rayons les plus
réfractés MH, étoient auffi les premiers à fe
réfléchir totalement. De-là je conjecturai que
les rayons les plus réfrangibles fe trouvoient
d'abord en plus grand nombre que les autres
dans la lumière réfléchie, où les autres fe trouvoient enfuite en auffi grand nombre. Pour vérifier cette conjecture, je fis paffer le faifceau
réfléchi MN à travers un fecond prifme V X Y,
& je le fis tomber à quelque diftance fur une
feuille de papier blanc, où les couleurs ordi-
naires du fpectre fe peignirent au moyen de
cette nouvelle réfraction. Après quoi, tournant
le premier prifme fur fon axe, fuivant l'ordre
des lettres A, B, C, j'obfervai que les rayons
violets & les rayons bleus MH, qui avoient
fouffert la plus grande réfraction, fortoient

toujours plus obliquement. Dès qu'ils commencèrent à être totalement réfléchis, la lumière bleue & violette N*p* projetée sur le
papier, & qui étoit la plus réfractée par le
second prisme, reçut un accroissement sensible,
& domina sur le rouge & le jaune, dont les
rayons N*t* étoient moins rompus. Puis, lorsque
le reste des rayons, savoir les verts, les jaunes,
& les rouges M G, commencèrent à être totalement réfléchis par le premier prisme, les
couleurs analogues peintes sur le papier reçu-
rent un aussi grand accroissement que celui qu'a-
voient reçu la violette & la bleue. D'où il
suit évidemment que le faisceau M N des
rayons réfléchis par la base du prisme, étant
augmenté d'abord par les plus réfrangibles,
puis par les moins réfrangibles, est composé de
rayons de réfrangibilité différente. Or, que cette
lumière réfléchie soit de même nature qu'elle
étoit avant son incidence à la base du prisme,
c'est sur quoi personne n'éleva jamais le moindre
doute, tout le monde tombant d'accord qu'une
pareille réflexion n'apporte aucun changement
à la lumière, ni dans ses propriétés, ni dans
ses modifications.

D 2

Je ne confidère point ici la réfraction de la lumière aux furfaces du premier prifme ; il eft évident qu'elle y eft nulle, puifque la lumière y entre & en fort perpendiculairement. Or la lumière incidente du foleil, étant de même nature que la lumière émergente, doit être pareillement compofée de rayons différemment réfrangibles.

Fig. 22. X. EXPÉRIENCE. De deux prifmes ABC & BCD égaux & liés enfemble, ayant formé un parallélipipède, j'y reçus un petit faifceau de rayons folaires FM, à quelque diftance du trou F qui leur donnoit paffage ; mais de manière que les axes des prifmes fuffent perpendiculaires aux rayons incidents, & que ces rayons entrant par le côté AB puffent fortir par le côté CD. Or, en vertu de leur parallélifme, ces côtés rendoient la lumière émergente parallèle à l'incidente.

Au-delà de ces prifmes, j'en plaçai un troifième HIK, pour réfracter le faifceau émergent, & projeter l'image colorée PT au fond de la chambre, fur le mur ou fur une feuille de papier blanc placée à diftance convenable.

Après cela, je tournai le parallélipipède sur
son axe, suivant l'ordre des lettres A, C, D, B.
Lorsque les côtés contigus BC & CB des
prismes furent devenus si obliques aux rayons
incidents FM, que ces rayons commencèrent à être réfléchis : je trouvai que les rayons
OP qui, ayant été le plus réfractés par le
troisième prisme, avoient illuminé le papier de
violet & de bleu en P, furent les premiers
séparés de la lumière transmise OPT par une
totale réflexion ; les autres OR & OT continuant à projeter en R & T leurs couleurs res-
pectives, savoir le vert, le jaune, l'orangé,
& le rouge. Ensuite continuant à tourner le
parallélipipède, ceux-ci furent séparés à leur
tour par une totale réflexion, chacun suivant
son degré de réfrangibilité. Donc la lumière
du faisceau MO, émergente des deux prismes
adossés, est composée de rayons différemment
réfrangibles ; puisque les plus réfrangibles peuvent y être séparés des moins réfrangibles. Or
elle ne sauroit être altérée en traversant les surfaces parallèles de ces prismes : car si elle recevoit quelque altération en se réfractant à l'une
de ces surfaces, elle la perdroit en se réfractant

à l'autre surface en sens contraire & précisément de la même quantité. Ainsi, rétablie dans son premier état par ces réfractions égales, mais opposées, elle se trouve avant son incidence, comme après son émergence, composée de rayons différemment réfrangibles.

Avant que les rayons les plus réfrangibles soient séparés par la réflexion, les deux faisceaux FM & MO sont acolorés (10), & semblables en tous points, autant que j'en pus juger par l'observation : c'est donc à juste titre que leur lumière est réputée de même nature, conséquemment composée des mêmes rayons. Mais dès que les rayons les plus réfrangibles commencent à être totalement réfléchis, la lumière du faisceau émergent MO, d'où ils sont séparés suivant la IX. EXPÉRIENCE, passe successivement du blanc à un jaune lavé & foible, à un assez bon orangé, & à un rouge très-foncé ; puis elle s'évanouit entièrement. Car après que les rayons les plus réfrangibles, qui en P teignent de pourpre le papier, sont séparés du faisceau MO par une totale réflexion, ceux

_____

(10) Sans couleur.

qui reſtent dans le faiſceau & qui paroiſſent
ſur le papier en R & T, compoſent par leur
mélange un jaune foible. Puis, dès que le bleu
& une partie du vert apparents ſur le papier
entre P & R ſont ſéparés ; les autres qui paroiſſent entre R & T (c'eſt à dire les jaunes, les
orangés, les rouges, & une partie des verts) étant
mêlés dans la lumière MO, compoſent une
couleur orangée. Enfin lorſque tous les rayons
ſont ſéparés par réflexion du faiſceau MO, il
ne reſte que les moins réfrangibles qui avoient
paru d'un rouge foncé en T : & la couleur de
ces rayons eſt la même dans ce faiſceau MO
qu'elle étoit auparavant en T ; la réfraction du
priſme HIK n'ayant fait que ſéparer les rayons
différemment réfrangibles, ſans produire aucune
altération de couleur, comme je le prouverai
plus amplement dans la ſuite. Obſervations qui
toutes confirment & la *première* & *la ſeconde
Propoſition.*

SCHOLIE. De cette expérience & de la Fig. 22.
précédente ſi on n'en fait qu'une, en appli-
quant un quatrième priſme VXY pour réfracter
le faiſceau de lumière MN vers *tp* ; la conſé-

D 4

quence fera encore plus évidente. Car alors la
lumière N *p*, qui eſt la plus réfractée par le
quatrième priſme, deviendra plus forte & plus
éclatante, lorſque la lumière OP, qui eſt la
plus réfractée par le troiſième priſme HIK,
aura diſparu en P. Enſuite, lorſque la lumière
la moins réfractée O T viendra à diſparoître
en T, la lumière la moins réfractée N *t* deviendra
auſſi & plus forte & plus éclatante ; tandis que
la lumière la plus réfractée en *p* ne reçoit aucun
accroiſſement. Et comme le trait tranſmis M O
a toujours après ces ſouſtractions la couleur qui
doit réſulter du mélange de celles qui tombent
ſur le papier P T ; de même le trait réfléchi
M N eſt toujours de la couleur qui doit réſulter
du mélange de celles qui tombent ſur le papier
p t. Car, lorſque les rayons les plus réfrangibles
ſont ſéparés du faiſceau M O par une réflexion
totale, & qu'ils laiſſent ce trait orangé : leur
excès dans la lumière réfléchie non-ſeulement
rend le violet, l'indigo, & le bleu plus vifs ;
mais il fait que le faiſceau M N change ſa
couleur jaunâtre (qui eſt celle du ſoleil) en
un blanc pâle tirant ſur le bleu, & qu'il recouvre enſuite ſa couleur jaunâtre, auſſi tôt

que le refte de la lumière tranfmife MOT eft
réfléchi.

De tant d'expériences diverfes, faites, foit
fur la lumière réfléchie par des corps naturels,
comme la I & la II; ou par des corps fpéculai-
res, comme la IX ; foit fur une lumière réfractée
avant que les rayons hétérogènes fuffent féparés
par leur divergence, comme la V; ou après
leur féparation comme les VI, VII & VIII;
foit fur la lumière tranfmife à travers des furfaces parallèles dont les réfractions fe détrui-
fent mutuellement, comme la X : il fuit évidemment qu'il s'y trouve toujours des rayons
qui, à incidences égales fur le même milieu,
fouffrent dans tous ces cas des réfractions inégales ; & cela fans qu'ils foient aucunement
dilatés ou divifés, comme il paroît par les
Expériences V & VI. Puis donc que ces rayons
peuvent être féparés les uns des autres, ou par
réfraction comme dans la III Expérience, ou
par réflexion comme dans la X, & qu'alors
les rayons de chaque efpèce, pris à part, fouffrent
à égales incidences des réfractions inégales,
mais proportionnelles avant & après leur fépa-

ration, comme dans les EXPÉRIENCES VI, VII,
VIII, IX, X, & les suivantes : enfin puisque
des rayons succeffivement tranfmis à travers
trois ou quatre prifmes mis en croix, ceux
qui font le plus rompus par le premier, le
font auffi par tous les autres, comme dans la
V : il eft indubitable que la lumière du foleil
eft un mélange de rayons hétérogènes, dont
les uns font conftamment plus réfrangibles que
les autres, conformément à l'énoncé de *la Propofition* qui fait le fujet de cet article.

TROISIÈME PROPOSITION.

THÉORÈME III. *La lumière du foleil eft
compofée de rayons qui diffèrent en réflexibilité;
& les rayons les plus réfrangibles font auffi les
plus réflexibles.*

Cela eft évident par les deux dernières Expériences. Dans la IX, le prifme tournant fur fon
axe jufqu'à ce que les rayons réfractés par fa bafe
fuffent affez inclinés pour en être tous réfléchis,
les premiers à l'être furent ceux qui à égale incidence avoient fouffert la plus grande réfraction.

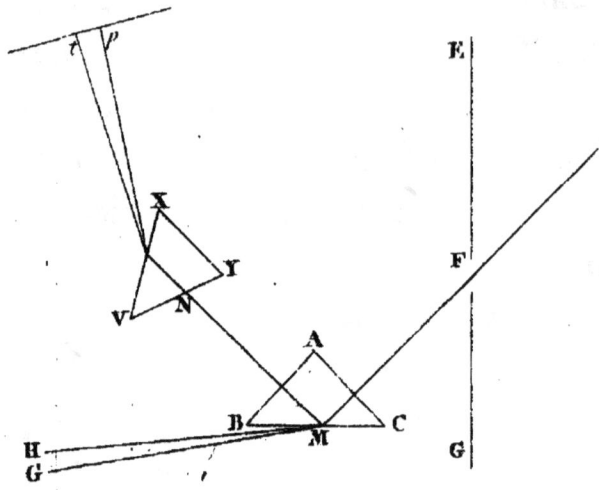

Fig. 21.

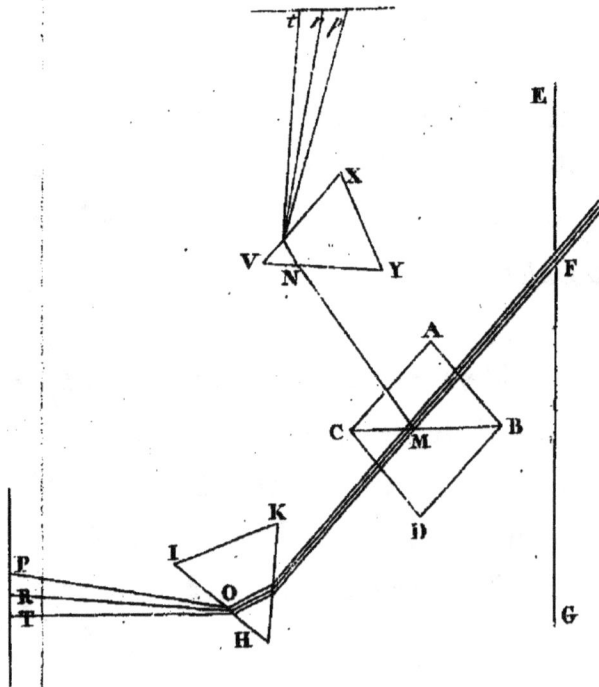

Fig. 22.

Il en fut de même, dans la X Expérience, de la réflexion produite par le plan commun des priſmes du parallélipipède.

QUATRIÈME PROPOSITION.

PROBLÈME I. *Séparer les uns des autres les rayons hétérogènes d'une lumière compoſée.*

Ces rayons ſont en quelque ſorte ſéparés par le priſme dans la III EXPÉRIENCE ; & dans la V , leur ſéparation devient parfaite aux côtés rectilignes de l'image colorée, lorſqu'on ſupprime la pénombre. Il eſt vrai que , dans tout l'eſpace compris entre ces côtés , les cercles innombrables formés chacun par des rayons (C) homogènes, rentrant les uns dans les autres , rendent par leur mélange la lumière aſſez compoſée. Mais ſi on diminue le diamètre de ces cercles , en conſervant leurs diſtances & leurs poſitions reſpectives , ils s'entremêleront beaucoup moins : ce qui diminuera d'autant le mélange des rayons hétérogènes.

Pour le prouver, ſoient A G , B H , C J , D K , E L , F M , les cercles d'autant d'eſpèces de rayons Fig. 23.

venus du difque folaire, lefquels conjointement avec une infinité d'autres cercles intermédiaires compofent l'image colorée du foleil. Et foient *ag*, *b h*, *ci*, *dk*, *el*, *fm*, autant de cercles plus petits, formés de rayons correfpondants, fuper-pofés dans le même ordre entre deux parallèles *a f*, *g m*, & ayant leurs centres à égales diftances. Or, dans la figure P T compofée des grands cercles, trois de ces cercles A G, B H, C J, font fi engagés l'un dans l'autre, que les trois efpèces de rayons (& une infinité d'autres efpèces intermédiaires) qui les illuminent, fe trouvent mélées en Q R, au milieu du cercle B H ; mélange qui a lieu auffi dans prefque toute la longueur de la figure P T. Mais dans la figure *p t* compofée des petits cercles, les trois cercles *a g*, *b h*, *c i*, qui correfpondent aux trois grands, ne s'engagent point l'un dans l'autre ; & même deux des trois efpèces de rayons qui les illuminent, ne s'y trouvent mélées nulle part. D'où il paroit que le mélange des rayons hétérogènes diminue dans le rapport du diamètre des cercles, les centres reftant à égales diftances. Si les diamètres font trois fois plus petits, le mélange fera trois fois moindre ; & il le fera dix fois, s'ils font dix fois plus petits. Ainsi, le mélange des rayons dans la grande figure P T sera à leur mélange dans la petite figure *p t*, comme la largeur de la première est à la largeur de la dernière ; puisque ces largeurs sont égales aux diamètres des cercles. Le mélange des rayons dans l'image réfractée *p t* est donc au mélange des rayons dans la lumière directe du soleil, comme la largeur de cette image est à la différence qui se trouve entre sa longueur & sa largeur.

Il suit de là que, pour diminuer le mélange des rayons hétérogènes, il faut diminuer le diamètre des cercles : ce qu'on fera toujours en diminuant le diamètre apparent du soleil, auquel ces diamètres correspondent ; ou, ce qui revient au même, en interceptant (au moyen d'un diaphragme placé hors de la croisée, & à grande distance du prisme opposé au soleil) tous les rayons, excepté ceux qui viennent du milieu du disque solaire : par ce moyen, les cercles A G, B H, &c. ne correspondront plus au disque entier, mais seulement à la partie qui peut être vue à travers ce prisme au delà du trou de ce diaphragme.

Et afin que les cercles correspondent plus

exactement encore à cette partie du disque solaire,
il importe d'interposer proche du prisme un
objectif qui jette distinctement sur un papier
en P T l'image du trou, (c'est à dire chacun
des cercles A G, B H, &c.) : comme il jette
sans pénombre, dans la V Expérience, les
côtés rectilignes du spectre. En s'y prenant de la
sorte, il ne sera pas nécessaire de placer le diaphragme fort loin du prisme ; on pourra même
lui substituer un trou fait au volet de la croisée,
comme j'en ai usé dans les Expériences qui suivent.

Fig. 24. **XI. Expérience.** A 10 ou 12 pieds du
volet, je fis tomber un faisceau de rayons solaires
(introduit dans la chambre obscure par un petit
trou rond F) sur le milieu d'un objectif M N ;
de manière à projeter distinctement l'image
du trou sur une feuille de papier blanc, placée
à 6, 8, 10, 12 pieds de l'objectif, plus ou
moins suivant la longueur de son foyer. Immédiatement après l'objectif, je plaçai un prisme A B C, pour jeter en haut ou de côté les
rayons transmis, & changer l'image ronde J
en une image oblongue colorée p t, que je
projetai sur un autre papier p t, à peu près à la

même distance du prisme, avançant ou éloignant le papier jusqu'à ce que j'eusse trouvé le point où les côtés rectilignes étoient le plus nettement terminés. Alors les images circulaires du trou, qui forment cette image oblongue (comme les cercles *a g*, *b h*, *c i*, &c. forment l'image *p t*), se trouvoient terminés très-distinctement, sans aucune pénombre. Ainsi, elles ne rentroient l'une dans l'autre que le moins possible ; & le mélange des rayons hétérogènes ne fut jamais moindre qu'en cette occasion.

Puisque les cercles *a g*, *b h*, *c i*, &c. sont égaux au cercle J, dont la grandeur correspond à celle du trou F ; en augmentant ou en diminuant ce trou, on peut à volonté rendre ces cercles, dont l'image oblongue est composée, plus grands ou plus petits tant que leurs centres restent immobiles ; on peut donc de la sorte augmenter ou diminuer à volonté le mélange des rayons qui concourent à former cette image. C'est par ce moyen que je suis parvenu à rendre la largeur de l'image *p t*, quarante, cinquante, soixante, & même soixante & dix fois plus petite que sa longueur; conséquemment à rendre sa lumière soixante & dix

Fig. 24. fois (11) moins compofée que la lumière directe du foleil.

Une lumière auffi homogène l'eft affez pour faire toutes les Expériences contenues dans ce Livre : car le mélange des rayons hétérogènes eft fi léger qu'on peut à peine l'appercevoir ; excepté peut-être dans l'indigo & le violet , couleurs obfcures, que les rayons difperfés & réfractés irrégulièrement par les inégalités du prifme altèrent aifément.

Pour affûrer le fuccès de ces Expériences, il vaut mieux néanmoins fubftituer au trou rond un trou oblong en forme de parallélograme , dont la longueur foit parallèle au prifme ABC : car, fi ce trou a un pouce de longueur fur une ligne de largeur , l'image deviendra beaucoup

Fig. 24.　(11) Pour cela il fuffit que la largeur du trou F foit d'un dixième de pouce ; la diftance M F de l'objectif au trou, de 12 pieds ; la diftance p B ou p M de l'image au prifme ou à l'objectif, de 10 pieds; & l'angle réfringent, de 62 degrés : car alors la largeur de l'image fera d'un douzième de pouce ; & fa longueur fera à fa largeur comme 72 eft à un : la lumière de cette image fera donc 71 fois moins compofée que la lumière directe du foleil.

plus

plus large , fans toutefois que la lumière en foit moins homogène.

Ce trou peut auffi être remplacé par un autre en forme de triangle ifocèle, dont la bafe ait environ un dixième de pouce , & la hauteur un pouce. Alors fi l'axe du prifme eft parallèle à la perpendiculaire du triangle, l'image *p t* fera Fig. 25. formée de triangles ifocèles *ag, bh, ci, d k, el, fm,* &c. & d'un nombre inconcevable d'autres triangles intermédiaires, correspondants au trou, & rangés l'un après l'autre entre deux parallèles *a f* & *g m*. Ces triangles empiètent un peu l'un fur l'autre à leurs bafes, non à leurs fommets. Auffi les rayons hétérogènes font-ils un peu mêlés au côté *a f* le plus brillant de l'image , non au côté *g m* le plus obfcur ; & aux parties comprifes entre ces côtés, ils font plus ou moins mêlés, fuivant qu'ils tombent plus ou moins près du côté brillant ou du côté obfcur. Ce qui donne la facilité de faire des expériences fur une lumière plus ou moins homogène.

Mais lorfqu'on fait des Expériences dè ce genre, il faut que la chambre foit auffi obfcure qu'il eft poffible, crainte que quelque lumière

E

étrangère ne fe mêle à la lumière de l'image
p t , & n'en détruife l'homogénéité. Il faut auffi
que l'objectif foit bien travaillé, & que le prifme
ait un angle de 65°. à 70°; qu'il foit d'un verre
exempt de défauts, & que les côtés en foient
bien plans & bien polis. Il faut encore couvrir
de papier noir les bords du prifme & de l'objectif, par-tout où ils peuvent produire quelque
réfraction irrégulière. Enfin il faut intercepter
du faifceau folaire tout ce qui eft inutile à
l'expérience, afin d'éviter les reflets qui détrui-
roient la netteté de l'image oblongue. Toutes
ces précautions ne font pas abfolument néceffaires : mais elles contribuent à affurer le fuccès (D)
de l'expérience; & un obfervateur délicat trouvera toujours qu'elles valent bien la peine d'être
prifes. Au refte, comme il eft difficile de ren-
contrer des prifmes de verre propre à cet objet,
j'ai quelquefois employé des vafes prifmatiques
faits avec des morceaux de glace & remplis d'eau
de pluie ; & pour augmenter la réfraction j'im-
prégnois l'eau de beaucoup de *fel de Saturne.*

Pl. IX. Pag. 66.

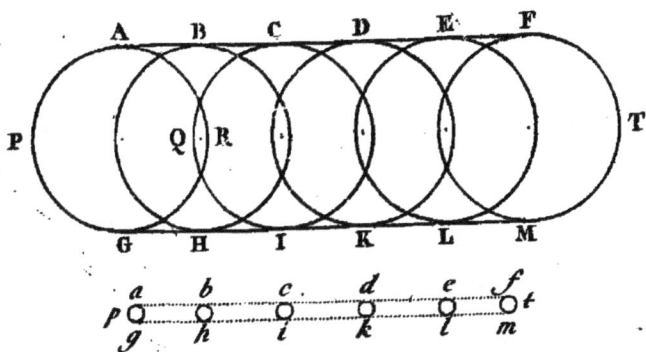

Fig. 23.

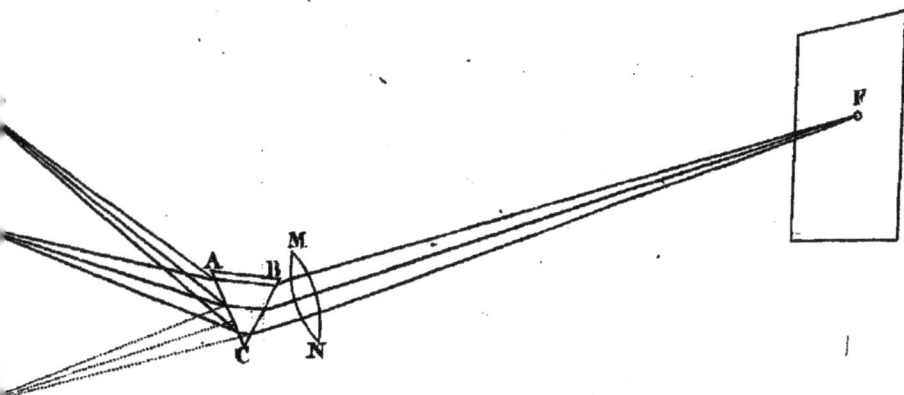

Fig. 24.

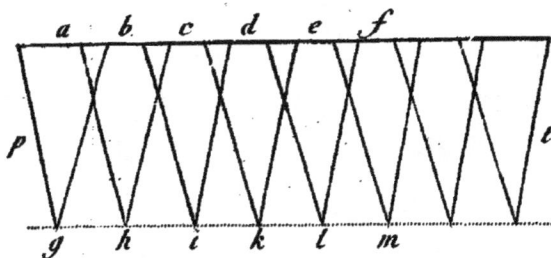

Fig. 25.

CINQUIÈME PROPOSITION.

THÉORÈME IV. *Les rayons homogènes sont régulièrement réfractés, sans être dilatés, fendus, ou dispersés ; & la vision confuse des objets éclairés par une lumière hétérogène & vus à travers des milieux réfringents, vient de la différente réfrangibilité des différentes espèces de rayons.*

La première partie de cette proposition a déja été bien prouvée par la V. EXPÉRIENCE : mais elle sera mise dans un plus grand jour par les Expériences qui suivent.

XII. EXPÉRIENCE. Après avoir fait au milieu d'un morceau de papier noir un trou d'environ deux lignes de diamètre, j'y fis tomber l'image colorée du soleil, rendue homogène par le procédé décrit à l'article précédent ; de manière qu'une partie des rayons fut transmise par le trou, puis réfractée par un prisme placé derrière, & projetée perpendiculairement sur un papier blanc à deux ou trois pieds du prisme,

Alors j'obfervai la figure du champ qu'ils formoient, & je trouvai qu'il n'étoit pas oblong,
comme celui des rayons directs du foleil réfractés dans la III. EXPÉRIENCE; mais parfaitement (E) circulaire, du moins autant que je
pouvois en juger à la vûe. Ce qui prouve que
la lumière eft réfractée régulièrement, fans
aucune dilatation des rayons.

XIII. EXPÉRIENCE. Ayant fait tomber un
faifceau de lumière homogène fur un difque
de papier d'un quart de pouce de diamètre,
& un faifceau de lumière immédiate du foleil
fur un difque égal; je les regardai à la diftance de quelques pieds au travers d'un
prifme: le dernier parut oblong, comme dans
la IV. EXPÉRIENCE; mais le premier parut circulaire & terminé diftinctement, comme quand
on le regardoit à œil nud. Ce qui prouve la
Propofition entière.

XIV. EXPÉRIENCE. J'expofai des mou-
ches & d'autres petits objets à une lumière
homogène; puis les regardant à travers un
prifme, j'apperçus leurs moindres parties auffi

diftinctement que fi je les avois regardées à
œil nud : mais ces objets, étant expofés à
la lumière immédiate du foleil, me parurent
fi confus, que je ne pouvois en diftinguer les
différentes parties.

J'expofai auffi de très-petits caractères d'impreffion à une lumière homogène, puis à la lumière immédiate du foleil; & les ayant regardés
à travers un prifme, ils me parurent fi confus
dans le dernier cas, qu'il me fut impoffible de
les lire; mais, dans le premier cas, ils étoient fi
diftincts que je les lifois fans peine. Dans
ces deux cas les mêmes objets avoient la même
fituation, & ils étoient vus à la même diftance
au travers du même prifme : ainfi, il n'y avoit
entre eux de différence que celle de la lumière
dont ils étoient éclairés. Or dans l'un, elle
étoit fimple; dans l'autre, elle étoit compofée :
la vifion diftincté ou confufe de ces objets ne
pouvoit donc venir que de cette différence. Ce
qui prouve la *Propofition* entière.

Une chofe d'ailleurs digne de remarque,
c'eft que, dans les trois dernières Expériences,
la réfraction n'a jamais altéré la couleur de la
lumière homogène.

E 3

SIXIÈME PROPOSITION.

THÉORÈME V. *Le sinus d'incidence de chaque rayon hétérogène, pris à part, est à son sinus de réfraction en raison donnée.*

Que chaque rayon hétérogène, pris à part, ait un certain degré de réfrangibilité qui lui est propre; c'est ce que j'ai suffisamment démontré : car les rayons, qui à égale incidence sont plus ou moins réfractés une première fois, sont ensuite réfractés proportionnellement toutes les autres fois, quelle qu'en soit la couleur; comme il paroît par les EXPÉRIENCES V, VI, VII, VIII & IX. De même les rayons, qui à incidences égales sont également réfractés une première fois, le sont ensuite toujours également, soit avant d'être séparés les uns des autres comme dans la V. EXPÉRIENCE, soit après être séparés comme dans les EXPÉRIENCES XII, XIII & XIV. Donc la réfraction de chaque rayon, pris à part, est régulière. Mais quelle règle suit cette réfraction? C'est ce que nous allons faire voir.

Ceux qui ont écrit les derniers sur l'Optique, enseignent que les sinus d'incidence sont en proportion donnée aux sinus de réfraction ; proportion vérifiée par quelques-uns au moyen de certaines expériences ou de certains instruments propres à mesurer les réfractions. Mais, faute de connoître la différente réfrangibilité des rayons hétérogènes, ils pensoient que tous les rayons se réfractent dans la même proportion : aussi n'ont-ils pris leurs mesures que sur les rayons de moyenne réfrangibilité. Il faut donc faire voir que de pareilles proportions ont lieu à l'égard de tous les autres rayons, c'est à dire, que les sinus de réfraction des rayons hétérogènes sont réciproquement entre eux en proportion donnée, les sinus d'incidence étant égaux.

C'est ce que va prouver l'Expérience qui suit.

XV. EXPÉRIENCE. Après avoir projeté Fig. 26. au fond de la chambre obscure un petit faisceau de rayons directs, qui formoit sur le mur une image circulaire S du soleil ; je le reçus fort près du volet sur un prisme placé horizontalement, de manière à former l'image

E 4

colorée & oblongue PT; puis je le réfractai (12)
latéralement par un autre prisme placé immédiatement après le premier, pour former l'image
colorée & oblongue *p t*. A ce sujet il faut
observer que, si l'angle réfringent du second
prisme est plus ou moins ouvert, la seconde
image oblongue sera plus ou moins distante de
la première : elle sera en *p t*, par exemple, si
cet angle est de 15° à 20°; en 2 *p* 2*t*, s'il est
de 30° à 40°; & en 3 *p* 3 *t*, s'il est de 60°.

Les choses étant ainsi disposées, j'observai
que toutes ces images PT , *p t*, 2 *p* 2 *t*, 3 *p* 3*t*,
convergeoient à fort peu près en S; où l'image
circulaire du soleil tomboit dès qu'on ôtoit les
prismes. L'axe de l'image PT, étant prolongé,
passoit exactement par le milieu de l'image
circulaire. Mais lorsque les réfractions du second
prisme étoient moindres que celles du premier,
les axes prolongés des images *p t* & 2 *p* 2*t*
qui en résultoient, coupoient l'axe prolongé
de l'image TP aux points *m* & *n*, un peu
au delà du centre de l'image circulaire. C'est
pourquoi le rapport de la ligne 3 *t* T à la ligne

---

(12) Les prismes doivent se croiser.

3 *p* P étoit un peu plus grand que celui de
2 *t* T à 2 *p* P, & un peu plus grand encore que
celui de *t* T à *p* P. Or quand les rayons de
l'image P T tombent perpendiculairement sur
le mur, les lignes 3 *t* T & 3 *p* P, 2 *t* T & 2 *p* P,
t T & *p* P, sont les tangentes des réfractions.
Ainsi, cette expérience donne les tangentes des
réfractions, d'où les proportions des sinus étant
déduites, elles se trouvent égales, autant que
j'en ai pu juger à l'inspection des figures &
par un certain raisonnement mathématique;
car je ne suis pas entré là-dessus dans un calcul
bien exact. Mais la proposition est vraie à l'égard
de chaque rayon pris à part, comme le fait
semble le prouver. Et qu'elle soit rigoureuse-
ment vraie, c'est ce qu'on peut démontrer par
cette hypothèse : *Que les corps réfractent la lu-*
mière, en agissant sur les rayons suivant des
lignes perpendiculaires à leurs surfaces.

Pour en donner la démonstration, il faut
distinguer le mouvement de chaque rayon en
deux mouvements, l'un perpendiculaire, l'autre
parallèle à la surface réfringente; puis établir
cette proposition à l'égard du premier : si un
mobile, tombant avec une vitesse quelconque

sur un espace large, mince, & terminé par
deux plans parallèles, vient à être poussé perpendiculairement à travers cet espace vers le
plan le plus éloigné, par une force qui à distances données du plan ait une énergie donnée;
la vitesse perpendiculaire de son mouvement,
au sortir de cet espace, sera toujours égale à la
racine quarrée de la somme du quarré de la
vitesse perpendiculaire de ce mouvement à son
incidence sur cet espace, & du quarré de la
vitesse perpendiculaire que ce mobile auroit à
son émergence, si sa vitesse perpendiculaire
étoit infiniment petite à son incidence.

La même proposition sera vraie à l'égard
de tout mouvement perpendiculaire retardé dans
le passage du mobile à travers cet espace, si, au
lieu de la somme des deux quarrés, on prend
leur différence. Je glisse sur la démonstration,
que les Mathématiciens trouveront sans peine.

Fig. 1.   Maintenant je suppose qu'un rayon venant à
tomber fort obliquement sur la ligne M C, soit
réfracté en C par le plan R S, suivant la ligne
C N. Si on demande quelle est la ligne C E,
suivant laquelle tout autre rayon A C sera
réfracté : soient M C & A D, les sinus d'inci-

dence des deux rayons ; NG & EF, leurs
sinus de réfraction ; MC & AC, les lignes qui
représentent les mouvements égaux des rayons
incidents. Le mouvement MC supposé parallèle au plan réfringent, soit le mouvement AC
distingué en deux, dont l'un AD est parallèle,
l'autre DC est perpendiculaire à la surface réfringente. Soient aussi les mouvements des
rayons émergents distingués en deux, dont les

perpendiculaires sont $\frac{MC}{NG}$ CG & $\frac{AD}{EF}$ CF.

Cela posé, si la forme du plan réfringent
commence à agir sur les rayons dans ce plan
même, ou à certaine distance d'un côté, finis-
sant à certaine distance de l'autre côté ; & si,
dans tous les endroits placés entre ces deux
limites, elle agit sur les rayons suivant des
lignes perpendiculaires au plan réfringent, avec
une égale énergie à égales distances du plan, &
avec une énergie égale ou inégale, en rapport
quelconque à distances inégales : il est clair que le
mouvement parallèle au plan réfringent ne sera
point altéré par cette force ; mais le mouvement
perpendiculaire sera altéré suivant la règle établie
dans la Proposition précédente. Si pour vitesse

perpendiculaire du rayon émergent CN, on

écrit $\frac{MC}{NG}$ CG, la viteſſe perpendiculaire de

tout autre rayon émergent CE, qui étoit

$\frac{AD}{EF}$ CF, ſera égale à la racine quarrée CDq +

$\frac{MCq}{NGq}$ CGq. Or en quarrant ces nombres

égaux, & en y ajoutant les égaux ADq &

MCq—CDq; puis diviſant les ſommes par

les égaux CFq + EFq & CGq + NGq ;

on aura $\frac{MCq}{NGq}$ égaux à $\frac{MCq}{NGq}$. Par conſéquent

AD, ſinus d'incidence, eſt à EF, ſinus de réfraction, comme MC à NG ; c'eſt à dire, en
raiſon donnée. Cette démonſtration générale
étant faite ſans conſidérer la nature de la lumière
ni la force qui la réfracte, & dans l'hypothèſe
ſeule que *le corps réfringent agit ſur les rayons*
en lignes perpendiculaires à ſa ſurface, eſt à
mes yeux une preuve très-convaincante de la
vérité abſolue de cette propoſition.

Donc, ſi la raiſon des ſinus d'incidence &
de réfraction d'une eſpèce quelconque de rayons
eſt trouvée dans un cas quelconque, elle ſera
facilement trouvée dans tous les autres cas ;

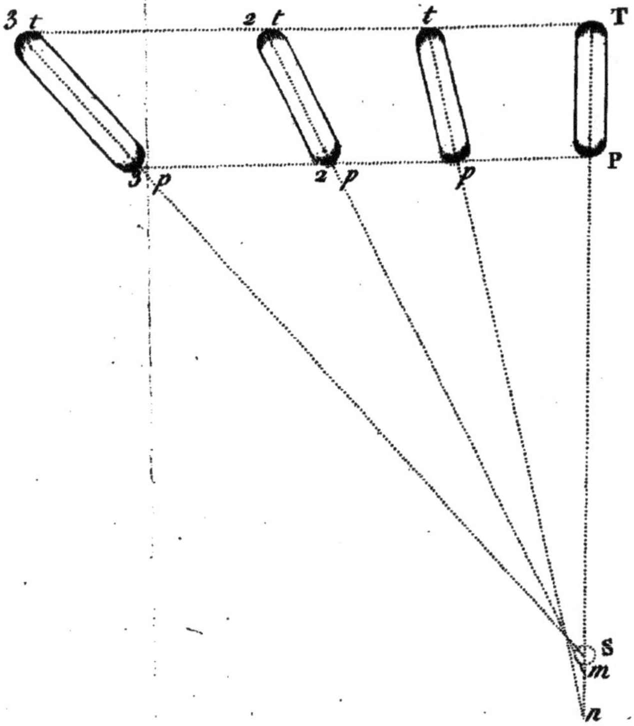

Pl. X. Pag. 76.

Fig. 26.

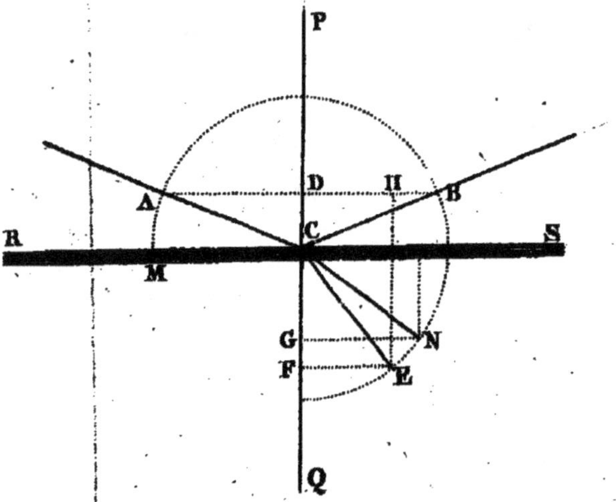

Fig. 1.

& cela d'après la méthode indiquée à l'article suivant.

S E P T I È M E   P R O P O S I T I O N.

THÉORÈME VI. *Ce qui empêche les Té-lescopes d'être parfaits, est la différente réfrangi-bilité des rayons hétérogènes.*

On attribue communément l'imperfection d'un Télescope à la sphéricité des verres : aussi les Mathématiciens ont-ils proposé de les tra-vailler en forme de sections coniques. Mais c'est sans fondement, comme le prouve la Proposition qui fait le sujet de cet article, & dont la vérité paroitra par les mesures des an-gles de réfraction des rayons hétérogènes, qui peuvent se déterminer de la manière qui suit.

L'angle réfringent du prisme employé dans la III Expérience étoit de 62°, 30′, dont la moitié égale à 31°, 15′ doit être considérée comme l'angle d'incidence des rayons émer-gents du verre dans l'air ; son sinus est 5188. L'axe du prisme étant parallèle à l'horizon, & les réfractions des rayons à leur incidence &

à leur émergence étant supposées bien égales ; j'observai, au moyen d'un quart de cercle, l'angle que faisoient avec l'horizon les rayons de moyenne réfrangibilité , c'est à dire , ceux qui alloient au milieu de l'image oblongue colorée : je pris en même temps la hauteur du soleil. Or l'angle que les rayons émergents faisoient avec les rayons incidents se trouva de 44°, 40'. La moitié de cet angle ajoutée à l'angle d'incidence fait 53°, 35', qui est l'angle de réfraction , dont le sinus est 8047. Ce sont là les sinus d'incidence & de réfraction des rayons de moyenne réfrangibilité : ainsi , leur rapport en nombres ronds est celui de 20 à 31 (13).

De la longueur de l'image , qui étoit environ de 10 pouces , retranchez sa largeur , qui étoit de 2 pouces ⅛ ; restera 7 pouces ⅞ , qui don-

---

(13) Le verre de ce prisme étoit verdâtre. Quant à celui du dernier des prismes de la III EXPÉRIENCE , il étoit blanc & très-diaphane. Son angle réfringent étoit de 63°, 30' ; l'angle que formoient les rayons émergents avec les incidents , de 45°, 50' : le sinus de la moitié du premier angle 5262 ; le sinus de la moitié de la somme des angles 8157 ; & leur rapport en nombres ronds celui de 20 à 31.

neroient, fi le foleil n'étoit qu'un point, la
longueur de l'image, ou, fi l'on veut, la foutendante de l'angle que les rayons les plus réfrangibles & les moins réfrangibles, tombant
fur le prifme par les mêmes lignes, compren-
droient entre eux après leur émergence. Cet
angle eft donc de 2°, 0′ 7″: car la diftance
de l'image au prifme (d'où l'angle part) étoit
de 18 pieds 6 pouces. A cette diftance, la
corde de 7 pouces $\frac{7}{8}$ eft la foutendante d'un
angle de 2° 0′ 7″. Ainfi, la moitié de cet
angle eft l'angle compris entre les rayons d'extrême & de moyenne réfrangibilité. Un quart
de cet angle peut donc être regardé comme
l'angle compris entre les mêmes rayons, s'ils
coïncidoient dans le verre, ou s'ils ne fe réfractoient qu'en émergeant : car fi deux réfractions égales, l'une à l'incidence, l'autre à l'émergence, font la moitié d'un angle de 2°, 0′ 7″;
une feule de ces réfractions fera environ un
quart de cet angle. Ce quart ajouté à l'angle de
réfraction des rayons de moyenne réfrangibilité
(qui étoit de 53°, 35′, 0″), puis fouftrait de
ce même angle, donne les angles de réfraction des rayons les plus réfrangibles & les moins

réfrangibles ; c'est à dire, d'une part 54°, 5′, 2″; de l'autre part 53°, 4′, 58″, dont les sinus sont 8099 & 7995 ; l'angle commun d'incidence étant 31°, 15, & son sinus 5188. Ainsi, à prendre les nombres ronds les plus petits, ces sinus sont en proportion réciproque comme 78 & 77 à 50.

Si on ôte, des sinus de réfraction 77 & 78, le commun sinus d'incidence, les restes 27 & 28 donneront le rapport de réfraction des moins réfrangibles aux plus réfrangibles. Leur différence de réfraction est donc à peu près la 27ᵉ partie $\frac{1}{27}$ de toute la réfraction des rayons de moyenne réfrangibilité.

D'après cela, ceux qui sont versés dans l'Optique verront aisément ; d'une part, que la largeur du moindre espace circulaire où les objectifs des Téléscopes puissent rassembler toutes sortes de rayons parallèles, est environ la 27ᵉ partie $\frac{1}{27}$ de la moitié de l'ouverture (14) du verre, ou

_____

(14) L'ouverture d'un objectif est mesurée par le diamètre de la partie que le diaphragme laisse libre : lorsqu'il n'y a point de diaphragme, l'ouverture a pour mesure le diamètre entier du verre. *Note du Traducteur.*

la

la 55e partie de toute l'ouverture; de l'autre
part, que le foyer des rayons les plus réfrangibles
est plus proche de l'objectif que le foyer des
moins réfrangibles, d'environ la 27e partie & $\frac{1}{2}$
de la distance focale des rayons de moyenne réfrangibilité. Il suit de là que, si des rayons hétérogènes, venant d'un point lumineux placé dans
l'axe d'un objectif convexe, sont réunis par la
réfraction en des points qui ne soient pas trop
éloignés; le foyer des plus réfrangibles sera
plus proche de l'objectif que le foyer des moins
réfrangibles, d'une quantité qui est à la 27e
partie & $\frac{1}{2}$ de la distance focale des rayons de
moyenne réfrangibilité, à peu près comme la
distance du foyer à ce point lumineux est à la
distance du point lumineux à l'objectif.

Pour vérifier cette règle par le fait, j'imaginai l'Expérience qui suit.

L'objectif de la II & de la VIII Expérience, placé à 6 pieds 1 pouce d'un objet
quelconque, en formoit l'image par les rayons
de moyenne réfrangibilité : d'après la règle
précédente il devoit former l'image de cet objet
par les rayons les moins réfrangibles, à la dis-

Tome I.   F

tance de 6 pieds, 3 pouces, 8 lignes; & par
les plus réfrangibles, à la distance de 5 pieds,
10 pouces, 4 lignes; de sorte qu'entre les
foyers des rayons d'extrême réfrangibilité, se
trouve la distance de 5 pouces 4 lignes. Car
suivant cette règle, 6 pieds & 1 pouce (distance de l'objet à l'objectif) sont à 12 pieds
& 2 pouces (distance de l'objet au foyer des
rayons de moyenne réfrangibilité); ou, ce qui
revient au même, 1 est à 2, ce que la 27ᵉ partie
&c. de 6 pieds 1 pouce (distance de l'objectif
à ce foyer) est à 5 pouces $\frac{17}{55}$, c'est à dire, environ 5 pouces, 4 lignes, distance du foyer
des plus réfrangibles au foyer des moins réfrangibles.

XVI. EXPÉRIENCE. Pour savoir si la règle
étoit juste, je répétai LES EXPÉRIENCES II &
VIII avec une lumière plus homogène : car
ayant séparé les rayons hétérogènes par la méthode décrite à l'article de la IV Proposition,
j'en formai un spectre environ douze ou quinze
fois plus long que large; ensuite je le fis tomber sur un livre; puis j'examinai les distances
où les images des caractères illuminés par les

différentes couleurs avoient toute leur netteté ; &
je trouvai que la bleue étoit environ de 3 pouces
ou de 3 pouces 3 lignes plus proche de l'objectif
que la rouge foncée : mais l'indigo & la violette
étoient si confuses qu'il m'étoit impossible de
lire leurs caractères ; ce qui venoit de la réfraction irrégulière des rayons, causée par les
filandres dont le prisme étoit rempli.

Je lui en substituai donc un autre exempt
de ce défaut, & à la place du livre je mis un
papier où étoient tracées quelques lignes noires,
parallèles, un peu plus larges que les traits
des caractères d'impression, & courant d'un
bout à l'autre du spectre. Or je trouvai que
le point où les rayons indigo traçoient le plus
distinctement l'image des lignes, étoit d'environ 4 pouces ou 4 pouces 3 lignes plus proche de l'objectif que l'image rouge foncée.
Mais la violette étoit si foible que je ne pouvois la voir distinctement.

Ayant fait réflexion que le prisme étoit d'un
verre obscur verdâtre, j'en pris un autre d'un
verre très-blanc : mais le spectre qui en provint
dardoit à ses extrémités de longs traits de lumière blanche & foible. J'examinai donc en-

core ce prisme, & j'y découvris deux ou trois petites bulles qui rompoient irrégulièrement les rayons. Ayant couvert de papier noir l'endroit du verre où elles paroissoient, & faisant passer les rayons solaires par une autre partie du prisme exempte de défauts, le spectre parut tel que je le souhaitois. Mais la couleur violette en étoit encore si obscure, si foible, que je pouvois à peine appercevoir l'image des lignes que ses rayons illuminoient, sur-tout à son extrémité. J'en cherchai la cause, & j'imaginai que cette couleur pouvoit être affoiblie par les reflets des rayons que les petites bulles ou les inégalités de poli du prisme réfractoient irrégulièrement & disperfoient dans la chambre obscure : car quoiqu'en très-petit nombre, ces rayons, étant blancs, pouvoient faire sur la vûe une impression assez forte pour obscurcir les phénomènes. J'essayai donc, comme dans les Expériences XII, XIII & XIV, si la couleur violette n'étoit pas composée d'un mélange sensible de rayons hétérogènes ; mais le fait prouva que ma conjecture n'étoit pas fondée. J'en conclus que l'obscurité de cette couleur, dont les rayons fort rares tomboient d'ailleurs assez loin de l'axe de l'objectif, étoit l'unique cause qui empêchoit de distinguer les images des lignes noires qu'elle illuminoit. Je divisai donc ces lignes parallèles en parties égales, afin de reconnoître sans peine à quelles distances étoient les unes des autres les couleurs du spectre. Je marquai aussi leurs distances focales, c'est à dire, les distances de l'objectif aux points où ces couleurs formoient distinctement l'image des lignes noires. Après quoi j'examinai si les distances réciproques des couleurs du spectre, mesurées à ses côtés rectilignes, étoient proportionelles à leurs distances focales. Voici à quoi se réduisirent mes observations.

Ayant pris le rouge le plus foncé & la couleur aux confins du vert & du bleu, éloignée du rouge de la moitié des côtés rectilignes du spectre; je trouvai que la distance focale de la dernière étoit moindre que la distance focale de la première d'environ deux pouces & 6 ou 9 lignes : car ces mesures étoient tantôt un peu plus grandes, tantôt un peu plus petites; mais elles différoient rarement de plus de 4 lignes; il étoit même fort difficile de les

F 3

déterminer fans quelque legere erreur. Or fi
les couleurs diſtantes l'une de l'autre de la
moitié de la longueur du ſpectre, priſe à ſes
côtés rectilignes, donnent 2 pouces & 6 ou
9 lignes pour différence focale; les couleurs
diſtantes de toute la longueur du ſpectre doivent donner 5 pouces ou 5 pouces 6 lignes.

Ici je dois obſerver que ne pouvant prendre
le rouge à l'extrémité du ſpectre, mais ſeulement au centre ou à peu près au centre
du demi-cercle qui terminoit cette extrémité; je comparai ce rouge, non avec la
couleur qui étoit exactement au milieu du
ſpectre ou aux confins du vert & du bleu,
mais avec la couleur qui tiroit un peu plus
ſur le bleu que ſur le vert. Ayant limité la
longueur du ſpectre à celle de ſes côtés rectilignes, je conſidérai ſes extrémités ſemi-circu-
laires comme des cercles entiers : or dès que
l'une des deux couleurs obſervées venoit à
tomber au dedans de ces cercles, je meſurois
la diſtance de cette couleur à l'extrémité ſemi-
circulaire; puis ayant déduit la moitié de cette
diſtance de celle de la diſtance meſurée des
deux couleurs, le reſte me donnoit leur dif-

rance corrigée, que je prenois pour différence
de leurs diſtances focales. Car dès que la longueur des côtés rectilignes du ſpectre feroit
réellement celle de ſes couleurs, ſi les cercles
dont il eſt formé étoient réduits à des points
phyſiques ; cette diſtance corrigée doit être
celle des deux couleurs obſervées.

Ainſi, en obſervant de nouveau le rouge le
plus foncé & le bleu, dont la diſtance corri-
gée étoit les $\frac{7}{12}$ de la longueur des côtés rectilignes du ſpectre ; leur différence focale ſe
trouvoit d'environ 3 pouces & $\frac{1}{4}$: or 3 pouces
& $\frac{1}{4}$ ſont à 5 pouces & $\frac{4}{7}$, comme 7 à 12.

En obſervant le rouge le plus foncé & l'in-
digo, dont la diſtance corrigée étoit les $\frac{8}{12}$ ou les
$\frac{2}{3}$ de la longueur des côtés rectilignes du ſpectre ;
leur différence focale ſe trouvoit d'environ 3
pouces & $\frac{2}{3}$: or 3 pouces & $\frac{2}{3}$ ſont à 5 pouces
& $\frac{1}{2}$, comme 2 à 3.

En obſervant le rouge & l'indigo foncés, dont
la diſtance corrigée étoit les $\frac{9}{12}$ ou les $\frac{3}{4}$ de la
longueur des côtés rectilignes du ſpectre ; leur
différence focale ſe trouvoit d'environ 4 pouces :
or 4 pouces ſont à 5 pouces & $\frac{1}{3}$, comme 3 à 4.

En obſervant le rouge le plus foncé & la

partie du violet contiguë à l'indigo; dont la
diſtance corrigée étoit les $\frac{10}{12}$ ou les $\frac{5}{6}$ de la
longueur des côtés rectilignes du ſpectre; leur
différence focale ſe trouvoit d'environ 4 pouces
& $\frac{1}{2}$; or 4 pouces & $\frac{1}{2}$ ſont à 5 pouces & $\frac{2}{5}$,
comme 5 à 6. Car lorſque l'appareil étoit le
mieux diſpoſé, que l'axe de l'objectif étoit
tourné vers le bleu, que le ſoleil étoit brillant,
& que je tenois l'œil fort près du papier ſur
lequel les images étoient projetées; je diſtin-
guois paſſablement celle des lignes noires qui
étoit illuminée par la partie du violet contiguë à l'indigo, quelquefois même celle qui
étoit illuminée par la partie centrale du violet.
Au reſte, dans toutes ces expériences on ne
voyoit diſtinctement que les couleurs dont les
rayons étoient dans l'axe ou près de l'axe de
l'objectif: ainſi, lorſque les bleus ou les indigos étoient dans l'axe, les images qu'ils traçoient étoient diſtinctes; mais celles que les
rouges traçoient alors, l'étoient beaucoup
moins. Je pris donc le parti d'accourcir le
ſpectre, afin que les rayons de ſes extrémités
fuſſent plus rapprochés de l'axe de l'objectif.
Après l'avoir réduit à deux pouces & demi de

longueur fur un cinquième ou un fixième de pouce en largeur, je fubftituai aux lignes parallèles une feule ligne noire plus large, afin que l'image fût plus facilement apperçue; puis je divifai cette ligne en parties égales par de petites perpendiculaires qui la croifoient, & qui étoient deftinées à mefurer les diftances des couleurs. Parvenu de la forte à diftinguer quelquefois l'image de cette ligne, prefque jufqu'au centre de l'extrémité femi-circulaire violette du fpectre; voici les nouvelles obfervations que je fis.

A l'égard du rouge le plus foncé, & de la partie du violet dont la diftance corrigée étoit environ les $\frac{8}{9}$ des côtés rectilignes du fpectre; leur différence focale fe trouva une fois de 4 pouces & $\frac{2}{3}$; une autre fois de 4 pouces & $\frac{1}{4}$; une autre fois de 4 pouces & $\frac{7}{8}$: or 4 pouces $\frac{2}{3}$, 4 pouces $\frac{1}{4}$, 4 pouces $\frac{7}{8}$ font refpectivement à 5 pouces $\frac{1}{4}$, 5 pouces $\frac{11}{32}$, 5 pouces $\frac{41}{64}$, comme 8 à 9.

A l'égard du rouge & du violet les plus foncés, dont la diftance corrigée étoit environ les $\frac{11}{12}$ ou les $\frac{15}{16}$ de la longueur des côtés rectilignes du fpectre; leur différence focale (prife dans les circonſtances les plus favorables) étoit quelquefois de 4 pouces & $\frac{1}{4}$, d'autres fois de 5 pouces & $\frac{1}{4}$, & communément de 5 pouces : or 5 pouces ſont à 5 pouces & $\frac{1}{4}$ ou $\frac{1}{3}$, comme 11 à 11 $\frac{1}{2}$ ou 15 à 16.

Il me paroît donc certain par cette ſuite d'Expériences, que, ſi la lumière eût été aſſez forte aux extrémités du ſpectre pour faire paroître diſtinctement les images des lignes noires, la différence focale des rayons rouges & des rayons violets les plus foncés, ſe ſeroit trouvée au moins de 5 pouces & 4 lignes. Nouvelle preuve que le rapport des ſinus d'incidence & de réfraction des rayons hétérogènes, eſt le même & dans les plus petites & dans les plus grandes réfractions.

Je me ſuis étendu ſur les détails de cette délicate & laborieuſe Expérience, afin que ceux qui la tenteront après moi, ſentent avec quels ſoins ils doivent procéder pour en aſſurer le ſuccès ; que ſi elle ne leur réuſſiſſoit pas, ils pourroient cependant inférer, de la proportion des diſtances des couleurs du ſpectre à la différence de leurs diſtances focales, ce qui

arriveroit si l'Expérience étoit plus exacte &
faite sur des couleurs plus éloignées l'une de
l'autre.

S'ils se servoient d'un objectif de plus grand
diamètre que le mien, & s'ils le fixoient à
une longue tringle, de manière à le diriger
exactement & promptement vers la couleur
dont ils voudroient connoître la distance focale ;
je ne doute pas que l'Expérience ne leur réussît
encore mieux qu'à moi : car m'étant contenté
de diriger l'objectif, comme je le pus, vers le
milieu des couleurs ; les foibles extrémités du
spectre, se trouvant par là fort éloignées de
l'axe du verre, se peignoient moins distinctement, que si l'axe eût été successivement dirigé
vers chacune de ces couleurs.

Au reste il est constant par ce qui précède,
que les rayons hétérogènes ne se réunissent
point au même foyer ; que, s'ils divergent d'un
point lumineux éloigné de l'objectif de la
longueur du foyer, la différence des distances
focales des rayons d'extrême (15) réfrangibilité

(15) Les rayons d'extrême réfrangibilité sont les rouges
& les violets.

fera la 14ᵉ partie de la diſtance focale des rayons de moyenne (16) réfrangibilité. Mais elle n'en fera que la 27ᵉ ou la 28ᵉ partie, ſi les rayons divergent d'un point ſi éloigné, qu'ils puiſſent paſſer pour parallèles à leur incidence ſur l'objectif. Ainſi, lorſque les rayons hétérogènes tombent ſur un plan perpendiculaire à l'axe & placé au foyer des rayons moyennement réfrangibles; le diamètre du plus petit cercle où ils peuvent être raſſemblés, eſt environ la 55ᵉ partie de l'ouverture du verre: de ſorte qu'il eſt fort étrange que les téleſcopes dioptriques repréſentent les objets auſſi diſtinctement qu'ils le font. Au lieu que le défaut de réunion provenant de la ſeule ſphéricité des verres, eſt pluſieurs centaines de fois moindre. Car ſoit l'objectif plan-convexe d'un téleſcope, dont le côté plan eſt tourné vers l'objet; & ſoient le diamètre de (17) ſphéricité du

(16) Les rayons de moyenne réfrangibilité ſont les verts.

(17) Le diamètre de ſphéricité eſt le diamètre de la ſphère ſur laquelle le verre a été travaillé. *Note du Traducteur.*

côté convexe appellé D, le demi-diamètre de l'ouverture du verre appellé S, & le finus d'incidence des rayons, à leur paffage du verre dans l'air, fuppofé à leur finus de réfraction comme I à R : alors les rayons parallèles à l'axe du verre feront difperfés à l'endroit où l'image de l'objet eft repréfentée le plus diftinctement fur un petit cercle, dont le diamètre eft à peu près $\frac{R\,q}{J\,q} \times \frac{S.\ \text{cub}}{D.\ \text{quar}}$: ce qui fe déduit en calculant la difperfion des rayons par la méthode des fuites infinies, & en rejetant les termes qui ne font d'aucune confidération. Or, fi le finus d'incidence I eft au finus de réfraction R comme 20 à 31, fi D diamètre de fphéricité du côté convexe eft de 1200 pouces, & fi S demi-diamètre de l'ouverture du verre eft de 2 pouces ; le diamètre du petit cercle $\frac{R\,q}{J\,q} \times \frac{S.\ \text{cub}}{D.\ \text{quar}}$ fera $\frac{31 \times 31 \times 8}{20 \times 20 \times 1200 \times 1200}$ ou $\frac{961}{72,000,000}$ parties d'un pouce. Mais le diamètre du petit cercle fur lequel ces rayons font difperfés par leur inégale réfrangibilité, fera environ la 55.e partie de l'ouverture du verre. Donc le défaut de réunion caufé par la sphéricité du verre, est au défaut de réunion causé par la différente (18) réfrangibilité des rayons, comme $\frac{961072}{72,000,000}$ à $\frac{4}{55}$; c'est à dire, comme 1 à 5449 ; aberration qui relativement à l'autre ne mérite guères qu'on en tienne compte.

Mais, dira-t-on, si l'aberration de réfrangibilité est aussi considérable, comment les objets paroissent-ils aussi distinctement à travers les télescopes (19)? C'est parce que les rayons hétérogènes, loin d'être dispersés d'une manière uniforme sur cet espace circulaire, sont incomparablement plus denses au centre; & que du centre à la circonférence ils diminuent toujours de densité, jusqu'à devenir si rares aux bords du champ, qu'ils ne font plus d'impres-

_____

(18) Ce sont ces défauts de réunion qu'on a désignés sous les dénominations, l'un d'*aberration de sphéricité*, l'autre d'*aberration de réfrangibilité*. *Note du Traducteur*.

(19) Tout ce que l'Auteur a dit jusqu'ici des télescopes, doit s'entendre des télescopes dioptriques ou lunettes. *Note du Traducteur*.

sion sensible sur l'organe de la vûe. Pour le démontrer : soit A D E un des cercles décrits Fig. 27. autour du centre C par le demi-diamètre AC; & soit BFG un plus petit cercle concentrique, qui par sa circonférence coupe en B le diamètre AC. Or, si AC est divisé en N, on trouvera d'après mon calcul que la densité de la lumière en B est à sa densité en N, comme AB à BC; & que toute la lumière du petit cercle BFG est à toute la lumière du grand cercle, comme l'excédent du quarré de AC sur le quarré de AB est au quarré de AC. Donc, si BC est la cinquième partie de AC, la lumière sera quatre fois plus dense en B qu'en N; & toute la lumière du petit cercle sera à toute la lumière du grand cercle, comme 9 à 25. D'où il suit évidemment que la lumière rassemblée sur le petit cercle doit frapper l'organe beaucoup plus fortement que la lumière dispersée entre les circonférences du grand & du petit cercle.

D'ailleurs il faut observer que le jaune & l'orangé sont les couleurs prismatiques les plus brillantes : elles seules affectent plus fortement l'organe de la vûe que toutes les autres agissant à la fois : ensuite, les couleurs qui ont le plus d'éclat font le rouge & le vert; le bleu n'eft à proportion qu'une couleur foible & obfcure; l'indigo & le violet font des couleurs plus obfcures, plus foibles encore, & elles méritent à peine qu'on en tienne compte. Il ne faut donc point placer l'image des objets au foyer des rayons de moyenne ré-frangibilité, qui font aux confins du vert & du bleu; mais il faut la placer au foyer des rayons qui font aux confins de l'orangé & du jaune; c'eft à dire, au foyer des rayons jaunes les plus éclatants. C'eft par eux que doit fe mefurer la réfraction des verres optiques. Que l'image des objets foit donc placée à leur foyer; & tous les rayons jaunes & orangés tomberont dans un cercle, dont le diamètre eft environ la 250ᵉ partie de celui de l'ouverture de l'objectif. Si on ajoûte à ces rayons la moi-tié des rouges & des verts les plus bril-lants (10); environ leurs trois cinquièmes tom-beront dans ce cercle-là, les deux autres cin-quièmes, difperfés tout au tour fur un efpace

_____

(10) C'eft à dire, ceux qui de part & d'autre font les plus proches des jaunes & des orangés.

double,

double, feront à peu près trois fois plus rares. De l'autre moitié des rouges & des verts (21), un quart environ tombera dans ce cercle ; les trois autres quarts, difperfés tout autour fur un efpace environ quatre ou cinq fois plus grand, feront à peu près trente ou quarante fois plus rares que ceux que le cercle circonfcrit.

Rendus auffi rares, ils pourront à peine affec-ter la vûe; car le rouge foncé & le vert de faule font des couleurs plus obfcures que le refte. On peut, par la même raifon, négliger le bleu, l'indigo, & le violet, couleurs encore plus obfcures & plus rares. Ainfi, la lumière denfe & vive, que le cercle circonfcrit, obfcurcira la lumière rare & foible, difperfée tout au-tour; & la rendra prefque de nul effet. Or l'image fenfible d'un point lumineux n'eft guères plus large qu'un cercle dont le diamètre feroit la 250e partie de celui de l'ouverture de l'ob-jectif d'une bonne lunette; fi on excepte cette lumière nébuleufe, foible, obfcure, qui eft autour, & à laquelle un obfervateur ne fera

---

(21) C'eft à dire, des rouges foncés & des verts de faule.

preſque aucune attention. Donc, dans une lunette qui auroit 4 pouces d'ouverture & 100
pieds de longueur, cette image n'excèderoit
pas 2″, 45‴ ou 3″; tandis que dans une lunette qui auroit 2 pouces d'ouverture & 20 à
30 pieds de longueur, elle occuperoit 5″ à 6″.
Ce qui s'accorde fort bien avec l'Expérience :
car quelques Aſtronomes ont trouvé que les
diamètres des étoiles fixes, vues avec des lunettes de 20 à 60 pieds de longueur, étoient
d'environ 5″ à 6″, ou tout au plus de 8″ à 10″.
Si on enfume légèrement l'objectif, afin de
diminuer l'éclat de l'aſtre, la foible lumière
qui environne ſon image diſparoîtra; & ſi le
verre eſt enfumé à certain degré, l'image ap-
prochera beaucoup plus d'un point mathématique. Par la même raiſon, cette partie irrégulière de lumière qui environne l'image de
tout point lumineux, doit être d'autant moins
ſenſible que la lunette eſt moins longue; car
alors elle tranſmet moins de lumière à l'œil.
Or que la diſtance incommenſurable des
étoiles fixes les faſſe paroître comme autant de
points, c'eſt ce qu'on peut inférer de ce qu'é-
tant éclipſées par la lune, elles ne diſparoiſſent

& ne reparoiſſent point par degrés, comme font les planettes, mais inſtantanément ou preſque inſtantanément; car la réfraction de l'atmoſphère de la lune prolonge un peu la durée de leur diſparition & réapparition.

Mais à ſuppoſer que l'image ſenſible d'un point radieux ſoit même 250 fois moins large que l'ouverture de l'objectif, elle ne laiſſeroit pas d'être encore beaucoup plus grande qu'elle ne devroit, ſi elle étoit groſſie par la ſeule ſphéricité du verre. Sans la différente réfrangibilité des rayons hétérogènes, ſa largeur, dans une lunette de 100 pieds de longueur ſur 4 pouces d'ouverture, n'auroit que

$$\frac{961}{72,000,000}$$ parties d'un pouce, comme on le prouve par le calcul. Ainſi, la plus grande aberration de ſphéricité ſeroit à la plus grande aberration de réfrangibilité tout au plus comme

$$\frac{961}{72,000,000} \text{ à } \frac{4}{250}.$$, c'eſt à dire, comme 1 à 1200. Ce qui prouve bien que la vraie cauſe de l'imperfection des lunettes eſt, non pas la ſphéricité des verres, mais la différente réfrangibilité des rayons.

G 2

Une autre preuve de cette vérité, c'est que l'aberration de sphéricité est comme le cube de l'ouverture de l'objectif. Ainsi, pour que des lunettes de différentes longueurs grossissent distinctement au même point, il faudroit que leurs ouvertures & leurs pouvoirs amplifiants fussent comme les cubes des racines quarrées de leurs longueurs; ce qui ne s'accorde point avec les faits. Mais l'aberration de réfrangibilité est comme l'ouverture de l'objectif. Ainsi, pour que des lunettes de différentes longueurs grossissent distinctement au même point, leurs ouvertures & leurs pouvoirs amplifiants doivent être comme les racines quarrées de leurs longueurs; ce qui s'accorde très-bien avec les faits. Une lunette de 60 pieds de longueur & de 32 lignes d'ouverture (*p. e*) grossit environ 120 fois aussi distinctement, qu'une lunette d'un pied de longueur & de 4 lignes d'ouverture grossit 15 fois.

Ainsi, sans la différente réfrangibilité des rayons, on pourroit rendre les lunettes beaucoup plus parfaites, en faisant des objectifs à eau. C'est ce qu'il est facile de faire voir.

Soit A D F C un objectif compofé de deux verres Fig. 28.
A B E D & B E F C, également convexes à l'extérieur, également concaves à l'intérieur, joints
enfemble par leurs bords, & remplis d'eau.
Le finus d'incidence du verre dans l'air étant
comme J eft à R, & de l'eau dans l'air comme
K eft à R, par conféquent du verre dans l'eau
comme J eft à K ; que D foit le diamètre de
fphéricité des côtés convexes A G D & C H F ;
& que le diamètre de fphéricité des côtés concaves B M E & B N E foit à D, comme la
racine cubique de K K — K J eft à la racine
cubique de R K — R J : cela pofé, il eft clair
que les réfractions aux côtés concaves de ces
verres corrigeroient infiniment les réfractions
aux côtés convexes, en tant qu'elles tiennent à
la figure fphérique des verres ; ce qui four-
niroit une excellente méthode de perfectionner
les lunettes : mais la différente réfrangibilité
des rayons hétérogènes ne laiffe d'autre moyen
de réuffir, que celui d'augmenter la longueur
de ces inftruments ; à quoi la méthode de Huygens femble très-propre. Car les fort longs
tuyaux font embarraffants, fujets à fe courber
& fur-tout à vaciller ; de façon que leur trem-

G 3

blotement continuel trouble la vifion : incon-
véniens que n'a pas cette méthode, puifque
l'oculaire fe meut aifément, & que l'objectif,
étant attaché à un mât droit & fort, devient
fixe.

Voyant qu'il ne reftoit point d'efpoir de
perfectionner les lunettes de longueurs données;
j'imaginai, il y a quelque temps, un télef-
cope dont un miroir métallique concave, travaillé fur une fphère d'environ 25 pouces de
diamètre, forme l'objectif. Ainfi, cet inftrument a près de 6 pouces & 3 lignes de longueur. L'oculaire eft plan-convexe, le diamètre
de fphéricité du dernier côté étant d'un cinquième de pouce; de forte qu'il groffit 30 à
40 fois (22): l'objectif fouffre une ouverture
de 16 lignes; elle n'eft pourtant pas limitée
par un diaphragme qui en recouvre les bords;
elle l'eft par le petit trou rond percé au milieu
de la virole qui termine le tuyau, & qui fait
fonction d'un diaphragme placé entre l'oculaire

(22) Je trouvai par une autre méthode qu'il groffif-
foit environ 35 fois.

& l'œil, pour intercepter une partie de la lumière vague qui environne l'image des objets & trouble la vision. Ayant comparé ce télescope à une assez bonne lunette de 4 pieds & à oculaire concave; je trouvai que l'image des objets avoit beaucoup plus de netteté, mais beaucoup moins de clarté; sans doute parce que la réflexion du métal occasionne une plus grande déperdition de lumière que la réfraction des verres, & parce que le télescope grossit un peu plus que la lunette. Car s'il ne grossissoit que 25 ou 30 fois, il auroit fait paroître l'objet avec plus de clarté. De deux instruments de cette espèce, que je fis il y a environ 16 ans, il m'en reste un qui peut servir à confirmer ce que j'avance; quoiqu'il soit un peu gâté, l'objectif ayant perdu plusieurs fois son poli, qu'on lui a rendu au moyen d'un cuir fort doux. Peu après que ces instruments furent finis, un artiste de Londres se mit à les imiter; mais comme il ne suivit pas ma méthode de polir les objectifs, ils se trouvèrent très-inférieurs aux miens, comme je l'ai appris d'un ouvrier qui avoit été employé à leur construction (F).

Voici ma méthode de polir les objectifs de métal. Je prends deux bassins de cuivre de six pouces de diamètre chacun, l'un convexe, l'autre concave, & formant des contre-parties parfaites. Ensuite je travaille le miroir concave sur le bassin convexe, jusqu'à ce qu'il en ait pris la forme & qu'il soit prêt à recevoir le poli. Puis j'étends une fort légère couche de résine fondue sur ce bassin convenablement échauffé; je l'égalise en la comprimant & en la frottant avec le bassin concave mouillé. A force de soins, je rends cette couche de l'épaisseur d'une pièce de cinq sols. Lorsque le bassin convexe est refroidi, je continue le même procédé pour achever de rendre cette couche la plus égale qu'il m'est possible; puis je la saupoudre de potée bien purgée, & je passe par dessus le bassin concave jusqu'à ce qu'elle ait cessé de craquer (23). Après quoi j'y travaille le miroir avec vivacité deux ou trois minutes de suite. Puis je recommence à saupoudrer &

---

(23) Cette précaution est indispensable pour rendre les particules de la potée adhérentes & égales à l'enduit : autrement, elles sillonneroient le miroir.

à travailler le miroir avec les mêmes précautions jufqu'à ce qu'il foit d'un beau poli, appuyant fur la fin de toutes mes forces & hu-
mectant la potée avec mon haleine. Le miroir
doit avoir environ 4 lignes d'épaiffeur fur deux
pouces de diamètre, afin qu'il ne fe fauffe pas
au travail.

De deux miroirs que j'avois travaillés de la
forte, l'un fe trouvant meilleur que l'autre,
je retravaillai celui-ci pour le bonifier : c'eft
ainfi que j'appris à polir, avant de conftruire
les télefcopes dont je viens de parler ; ce qui,
au furplus, s'apprend beaucoup mieux par la
pratique que par des préceptes. Mais comme
le métal eft plus difficile à polir que le verre,
comme il eft fort fujet à fe ternir, & comme
il réfléchit beaucoup moins de lumière qu'une
glace étamée ; je confeillerois de fubftituer au
miroir métallique un miroir de verre, fait d'une
lam econvexe-concave, d'égale épaiffeur (24),
& dont le côté convexe foit mis au tain. Il y

_____

(24) Il importe que cette épaiffeur foit parfaitement
égale ; autrement, les objets paroitroient colorés &
confus.

a cinq à six ans que j'essayai de faire, avec un
pareil miroir, un télescope d'environ quatre
pieds de longueur, qui grossît environ 150 fois.
Cet essai m'a prouvé que, pour porter l'instrument à sa perfection, il ne manquoit qu'un
habile ouvrier. Car ce miroir avoit été travaillé par un de nos artistes de Londres, à
la manière des verres de lunette : & quoiqu'il parût d'abord aussi bien fini que les objectifs le sont ordinairement, l'application du
tain fit appercevoir aux surfaces du verre une
multitude d'inégalités, qui rendoient confuse l'image des objets ; car l'aberration des
rayons réfléchis, produite par des inégalités à
la surface d'un verre, est environ six fois plus
considérable que l'aberration des rayons réfractés qui auroit la même cause. Au reste cette
expérience me fit reconnoître que la réflexion
qui a lieu à la première surface du verre, n'al-
tère point la vision, comme je le craignois.
Ainsi, rien ne manque pour perfectionner les
télescopes de cette construction, que des artistes en état, non seulement de bien polir les
verres, mais de leur donner une forme exactement sphérique. Je me souviens d'avoir une

fois fort amélioré l'objectif d'une lunette de 14 pieds, construite par un artiste de Londres; & cela sans autre art que d'appuyer très-légèrement à mesure que je le polissois avec de la potée sur un enduit résineux. Cependant je n'ai pas encore essayé si ce moyen suffiroit pour polir les objectifs étamés. Mais en l'essayant, il faut avoir soin que le dernier douci soit assez parfait pour que le poli exige beaucoup moins de force que les ouvriers n'ont coutume d'en employer : car en appuyant beaucoup, les verres se déforment nécessairement. Pour encourager les Opticiens, jaloux de perfectionner leur art, à essayer ce qu'on peut attendre des objectifs étamés, je vais décrire l'instrument catoptrique qui fait le sujet de cet article.

HUITIÈME PROPOSITION.

PROBLÊME II. *Donner le moyen d'accourcir les télescopes.*

A B D C est un verre concave-convexe, de Fig. 29. même sphéricité & d'égale épaisseur, travaillé

régulièrement, mis au tain du côté CD, &
enchaffé à l'une des extrémités d'un tuyau
V X Y Z bien noirci en dedans.

E F G* eft un prifme de verre, fixé au milieu de l'autre extrémité du tuyau par le fup-
port F G K, auquel fa bafe eft maftiquée. Ce
prifme, rectangle en E, a les angles à fa bafe
égaux: fes côtés F E, G E font quarrés; le troifième forme un parallélogramme rectangle,
dont la longueur eft à la largeur en raifon fou-
doublée de deux à un. Ce prifme fe trouve
placé de manière que l'axe du miroir A B D C
paffe perpendiculairement par le milieu du
côté E F, conféquemment par le milieu du
côté F G, à angles de 45°. Ainfi, le côté E F
eft tourné vers le miroir; & le prifme eft à
telle diftance que les rayons P Q, R S, &c,
qui tombent fur ce miroir parallèlement à l'axe,
entrent dans le prifme par le côté E F, font
réfléchis par le côté F G, & fortent par le
côté G E pour aller au point T, foyer commun du miroir A B D C & d'un oculaire
plan-convexe H, au milieu duquel correfpond
un petit diaphragme, deftiné à tranfmettre à
l'œil les rayons qui doivent former l'image
& à intercepter tous les autres.

Un inftrument de ce genre, long de 6 pieds du miroir au foyer T, & bien fait, comportera une ouverture de 6 pouces, & groffira de deux à trois cent fois. Il convient de terminer l'ouverture par le trou H, plus tôt que de mettre un diaphragme devant le miroir. Que l'inftrument foit long ou court, l'ouverture & le pouvoir amplifiant doivent être proportionnels au cube de la racine quarrée de fa longueur. Mais il importe que le miroir foit au moins d'un ou de deux pouces plus large que l'ouverture, & que le verre dont il eft fait foit affez épais pour ne pas fe déformer au travail. Le prifme EFG fera d'une groffeur convenable; & fon côté FG ne doit pas être mis au tain, car il n'en réfléchira pas moins la lumière incidente.

Cet inftrument repréfentera les objets renverfés; mais on les redreffera en faifant convexes (25) les côtés quarrés EF & EG du

_____

(25) Configurés de la forte, les côtés du prifme font l'effet d'un fecond oculaire; auffi l'image eft-elle un peu colorée : dans ce cas, le téléfcope doit être plus long, pour permettre le dévelopement de l'image ren-

prifme, afin que les rayons puiffent fe croifer avant leur incidence fur le prifme & après leur émergence entre le prifme & l'oculaire. Si on défire que l'inftrument comporte une plus grande ouverture; on compofera le miroir de deux verres, dont l'efpace intermédiaire fera rempli d'eau.

Au refte quoique l'exécution des télefcopes ne laifsât rien à défirer, il eft conftant qu'il ne font fufceptibles que d'un certain degré de perfection. Car l'air, au travers duquel nous regardons les aftres, eft dans une agitation continuelle; ce qui fe remarque au vacillement de l'ombre d'une haute tour & à la fcintillation des étoiles fixes. Vues au travers des lunettes de grande ouverture, ces étoiles ne fcintillent point; car leurs rayons qui paffent par différentes parties de l'ouverture, ofcillant chacun à part (toujours d'une manière différente & quelquefois oppofée), tombent en même temps fur différents points du fond de

verfée qui fe forme devant le prifme, & celui de l'image redreffée qui fe forme entre le prifme & l'oculaire.

Pl. XI. Pag.110

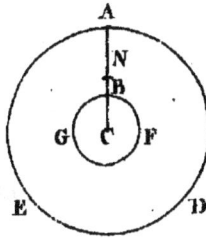

Fig. 27.

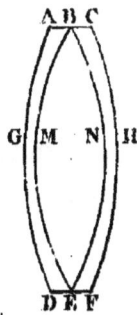

Fig. 28.

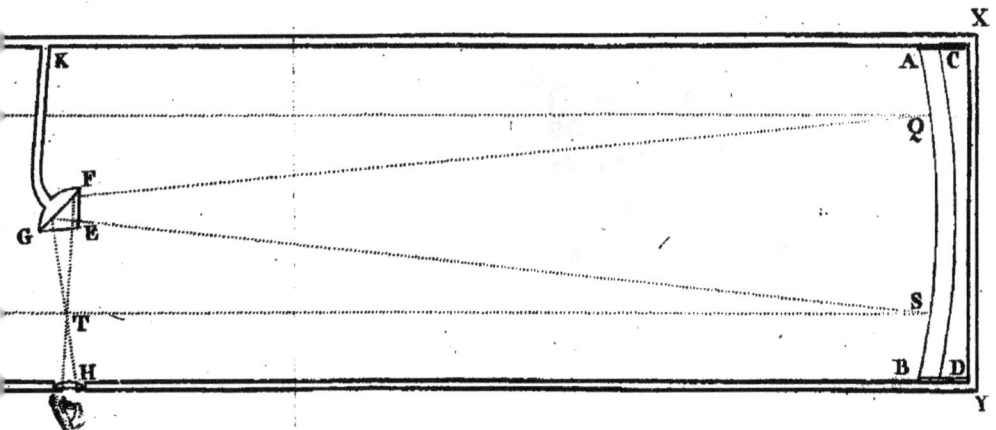

Fig. 29.

l'œil, où leurs oſcillations deviennent trop vives & trop confuſes pour être apperçues ſéparément. Or tous ces points, confondus par de courtes oſcillations extrêmement promptes, produiſent un large poinɩ lumineux, & font paroître l'étoile, non ſeulement plus grande qu'elle ne devroit, mais exempte de ſcintillation. Plus les téleſcopes ont de longueur, mieux ils peuvent repréſenter les objets avec clarté & ſous un grand diamètre; mais on ne les rendra jamais exempts de cette confuſion produite par le tremblotement de l'air. Le ſeul moyen d'y remédier ſeroit un air calme & ſerein, tel que celui qu'on reſpire ſur le ſommet des montagnes élevées au deſſus de la région des vapeurs groſſières.

LIVRE PREMIER.

SECONDE PARTIE.

Première Proposition.

THÉORÊME I. *Les phénomènes des couleurs, dans les rayons réfractés ou réfléchis, ne viennent ni des confins de l'ombre, ni des modifications de la lumière qui seroit différemment agitée.*

Propofition dont la vérité eft prouvée par diverfes Expériences.

Fig. 30. I. EXPÉRIENCE. Après avoir introduit dans une chambre fort obfcure, par un trou F horizontalement oblong & d'une ligne & demie de hauteur, un faifceau de rayons folaires; faites-le paffer à 10 pieds du volet à travers un fort grand prifme ABC, dont l'axe foit

parallèle

parallèle au trou ; ensuite transmettez la partie
blanche du faisceau émergent par un trou
oblong H, parallèle au premier & d'un quart
de ligne de hauteur, fait dans un diaphragme
de carton noir placé à trois pieds du prisme ;
enfin à la distance de quelques pieds recevez
sur un papier blanc *pt*, les rayons transmis.
S'ils y peignent les couleurs prismatiques, le
rouge en *t*, le jaune en *s*, le vert en *r*, le
bleu en *q*, & le violet en *p* ; on pourra, avec
un fil d'archal ou tout autre corps mince
& opaque, intercepter les rayons en *k*, *l*, *m*,
n, ou *o*; & faire à volonté disparoître en *t*,
s, *r*, *q*, ou *p* telle & telle couleur. Avec un
corps un peu plus gros, on pourra intercepter
deux, trois, quatre couleurs à la fois. Ainsi,
chacune pourra confiner d'un côté à l'ombre,
comme font le violet & le rouge ; & chacune,
restant seule, pourra même y confiner des deux
côtés. Les couleurs souffrent donc indistincte-
ment les confins de l'ombre, sans s'altérer ;
elles ne font donc pas des modifications de
la lumière produites par ces confins, comme
certains Philosophes le veulent.

An surplus l'Expérience réussira d'autant

Tome I.   H

mieux, que la chambre sera plus obscure, que le prisme sera plus grand, & que les trous F & H seront plus distants & plus petits, sans l'être trop néanmoins pour empêcher les couleurs d'être visibles.

Comme il est très-difficile de trouver un prisme de verre solide, assez grand pour cette Expérience, on le remplacera par un prisme fait de lames de verres & rempli d'eau salée.

Fig. 31. II. EXPÉRIENCE. Ayant introduit un faisceau de rayons solaires dans la chambre obscure par un trou rond F de 6 lignes de diamètre, je le fis passer au travers d'un prisme A B C, placé devant ce trou, puis au travers d'un objectif P T, de 4 pouces de diamère & de 3 pieds de foyer, placé environ à 8 pieds du prisme. Ces rayons projetés en O, foyer de l'objectif, sur un papier blanc vertical DE, formoient un champ de lumière blanche. Mais lorsque le papier tournant autour d'un axe parallèle au prisme, se trouvoit fort incliné, comme dans la position de & d, la lumière dans un cas paroissoit jaune & rouge, bleue dans l'autre cas. Ainsi une seule & même

H

portion de lumière, dans un seul & même lieu, paroissoit, suivant les différentes inclinaisons du papier, tantôt blanche, tantôt jaune & rouge, tantôt bleue; quoique dans tous ces cas les confins de l'ombre & les réfractions prismatiques restassent absolument les mêmes.

Mais voici une autre Expérience analogue, encore plus facile.

III. EXPÉRIENCE. Qu'un gros faisceau Fig. 32. de rayons solaires introduit dans la chambre obscure, & réfracté par un grand prisme ABC (dont l'angle réfringent ait plus de 60 degrés), soit projeté immédiatement après son émergence sur un carton blanchi DE. Si ce carton lui est perpendiculaire comme DE, le champ de lumière paroitra parfaitement blanc. Mais si le carton, toujours parallèle à l'axe du prisme, est fort incliné d'un côté, comme *de*; ce champ deviendra jaune & rouge. Si le carton est fort incliné de l'autre côté, comme *de*, ce champ deviendra bleu & violet. Si le faisceau, avant son incidence sur le carton, est rompu deux fois du même côté par deux prismes parallèles, ces couleurs deviendront plus écla-

rantes. Observez que dans cette expérience la
partie moyenne du champ est d'une couleur
uniforme. Or cette partie, ne confinant point
à l'ombre, ne peut en être modifiée. Mais sa
couleur change suivant l'obliquité du carton,
sans qu'il arrive aucun changement ni dans
les réfractions ni dans l'ombre. La cause de
ces couleurs est donc quelque autre chose, que
de nouvelles modifications de lumière produites par des réfractions & des ombres.

D'où viennent ces couleurs ? De ce que le carton en *de* se trouvant plus incliné aux rayons les
plus réfrangibles qu'aux rayons les moins réfrangibles, est plus fortement illuminé par les derniers que par les premiers. Les rayons les moins
réfrangibles prédominent donc alors dans la lumière réfléchie, & toutes les fois qu'ils prédominent, ils la teignent de rouge & de jaune. Le
contraire arrive lorsque le carton est en *de* ; alors
les rayons les plus réfrangibles, prédominant à
leur tour, teignent la lumière de bleu & de violet.

IV. EXPÉRIENCE. Il est de fait que les
couleurs des bulles de savon changent de nature & de place, sans aucun rapport aux confins

de l'ombre. Si on couvre une de ces bulles
d'une petite cloche de verre pour la mettre à
l'abri de l'air agité, ses couleurs changeront de
place d'une manière lente & régulière, lors
même que l'œil, la bulle, & les corps voisins
qui lui jettent de la lumière ou de l'ombre,
font immobiles : elles viennent donc de quelque cause constante qui ne dépend pas des
confins de l'ombre ; cause qui sera dévelopée
dans le Livre suivant.

A ces Expériences on peut en ajouter d'autres ; telles que la X, où la lumière du soleil
introduite dans la chambre obscure, & passant
à travers les faces parallèles de deux prismes
adossés en forme de parallélipipède, parut
d'un jaune ou d'un rouge uniforme à son émergence. Ici les confins de l'ombre ne font pour
rien dans la production des couleurs : car la
lumière blanche se change successivement en
jaune, en orangé, & en rouge, fans qu'il arrive le moindre changement à ces confins ; lors
même qu'aux extrémités du champ des rayons
qui émergent, où les confins opposés devroient
produire des effets différents, la blancheur ou
la couleur, successivement jaune, orangée, &

H 3

rouge reste uniforme ; tandis qu'au milieu de ce champ, où l'ombre ne sauroit se trouver, la couleur est la même qu'aux extrémités. Elle ne subit donc aucun de ces changements que les confins de l'ombre sont supposés produire sur la lumière émergente des milieux qui l'ont réfractée.

Ces couleurs ne sauroient venir non plus de quelque nouvelle modification produite par la réfraction de la lumière : car elles changent successivement du blanc au jaune, à l'orangé, & au rouge, quoique les réfractions restent les mêmes, ou qu'elles se fassent en sens contraires aux faces parallèles des prismes, adossés de manière à s'y détruire mutuellement. Ces couleurs viennent donc d'une cause différente de la réfraction & des confins de l'ombre, cause qui a été suffisamment développée à l'article de la X. Expérience.

Enfin observez que la lumière émergente, Fig. 22. étant rompue par un troisième prisme H J K, & projetée sur un papier P T, y peint les couleurs prismatiques. Si ces couleurs provenoient de certaines modifications occasionnées par les réfractions prismatiques, elles ne seroient pas

Pl. XII. Pag. 119.

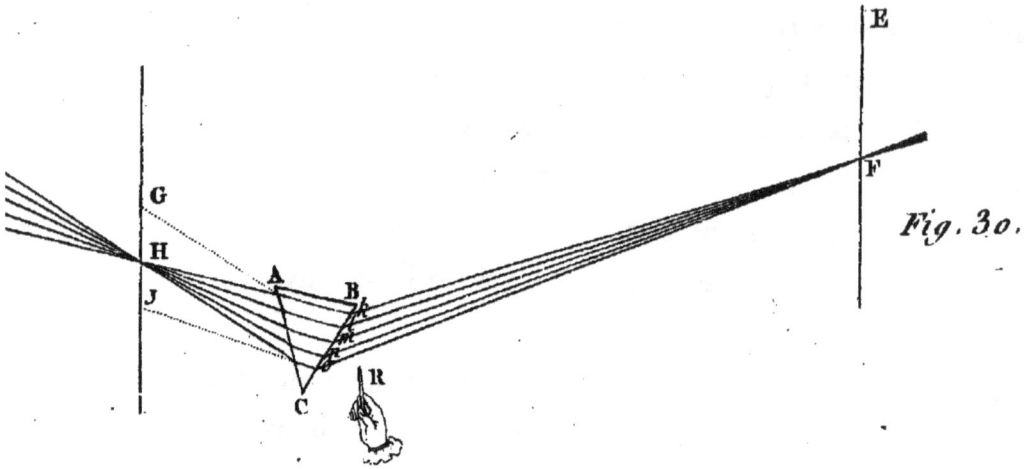

Fig. 30.

Fig. 31.

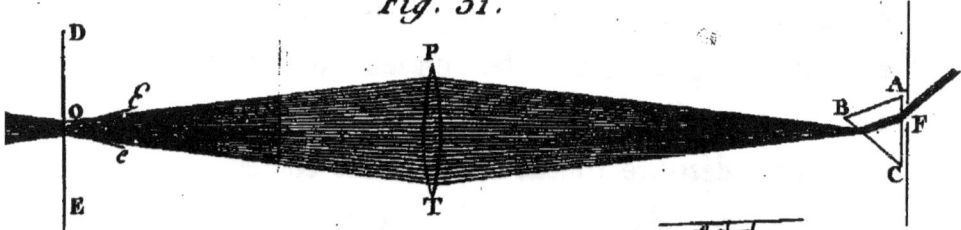

Fig. 32.

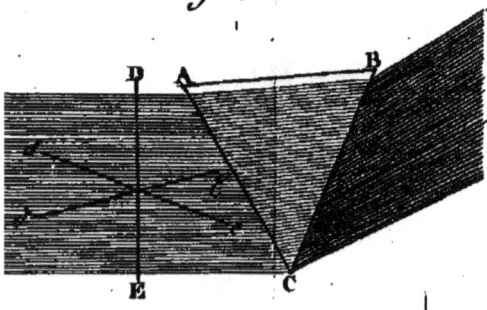

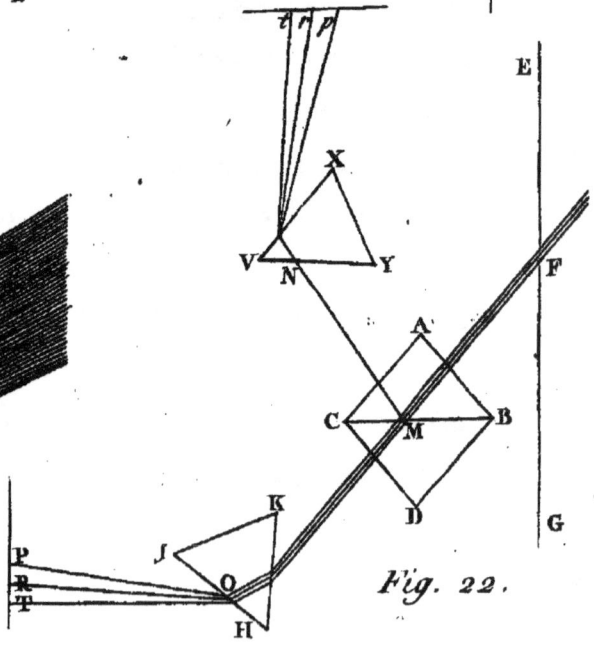

Fig. 22.

dans cette lumière avant son incidence sur le prifme. Cependant on a vu qu'on les faifoit toutes difparoître, excepté le rouge, en tournant le parallélipipède fur fon axe : or la lumière qui produifoit ce rouge, étoit précifément de même couleur avant fon incidence fur le troifième prifme. Eh, combien d'autres Expériences démontrent qu'après avoir féparé les rayons hétérogènes, ceux de chaque efpèce pris à part produifent une couleur qui ne peut être changée ni par réfraction ni par réflexion! Le contraire arriveroit pourtant, fi les couleurs n'étoient que des modifications de la lumière produites par la réfraction, la réflexion, ou les confins de l'ombre.

C'eft de cette immutabilité des couleurs qu'il fera queftion dans l'article qui fuit.

SECONDE PROPOSITION.

THÉORÈME II. *Toute lumière homogène a fa couleur* (26) *propre, qui correfpond à fon*

---

(26) Si je parle de rayons colorés, c'eft pour me conformer au langage vulgaire. Car, à proprement

degré de réfrangibilité; & cette couleur ne peut être changée ni par réflexion ni par réfraction (G).

Rappelons ici les Expériences de la IV. PROPOSITION. Après avoir séparé les rayons hétérogènes les uns des autres, le spectre p t formé par ces rayons parut d'un bout à l'autre illuminé de différentes couleurs rangées dans cet ordre; violet, indigo, bleu, vert, jaune, orangé, & rouge; avec toutes leurs nuances intermédiaires : de sorte qu'on appercevoit autant de couleurs différentes qu'il y avoit de différentes espèces de rayons.

V. EXPÉRIENCE. Que ces couleurs ne puissent pas changer de nature par réfraction, c'est ce que j'ai constaté en réfractant, au moyen

---

parler, les rayons ne sont pas colorés : ils sont simplement doués de la propriété de produire, sur l'organe de la vûe, la sensation de telle ou telle couleur; de même que, dans un corps sonore, le son n'est que la propriété d'agiter l'air de manière à exciter, dans l'organe de l'ouïe, la sensation de tel & tel son.

d'un prifme, chaque efpèce des rayons hétérogènes pris en petit nombre, comme dans la
XII Expérience de la I. Partie. Quelque
fouvent que fuffent réfractés les rayons rouges,
il n'en réfultoit ni orangé, ni vert, ni bleu,
ni indigo, ni violet, & toujours ils con-
fervoient la même couleur. Celle des bleus,
des jaunes, des verts, &c, étoit également
immuable. De même en regardant à travers
un prifme des corps illuminés par une lumière
homogène, jamais ils ne parurent d'une couleur différente, & toujours on les voyoit auffi
diftinctement qu'à œil nud; tandis qu'illuminés par une lumiere hétérogène, ils paroiffoient
confufément, & chacun de diverfe couleur.
Les réfractions prifmatiques n'altèrent donc
point la couleur des rayons homogènes. Au
refte c'eft d'une altération fenfible qu'il eft ici
queftion; car les rayons que je nomme homogènes, ne le font pourtant pas à la rigueur:
de leur hétérogénéité doit donc réfulter un
léger changement de couleur. Mais cette hé-
rérogénéité étant auffi imperceptible qu'elle
l'eft dans les Expériences de la IV. Proposition, ce changement de couleur doit être

compté pour rien dans tous les cas, où les sens
font juges.

VI. EXPÉRIENCE. Si ces couleurs ne peuvent point être changées par réfraction, elles
ne peuvent point l'être non plus par réfléxion.
Car tous corps, blanc, gris, rouge, jaune, vert,
bleu, violet, tels que le papier, les cendres,
le vermillon, l'orpiment, l'indigo, l'azur, l'or,
l'argent, le cuivre, l'herbe, les bluets, les violettes, les bulles de favon, les plumes de paon,
la teinture du bois néphrétique, &c, étant expofés à une lumière rouge homogène, paroiffent
parfaitement rouges; bleus, à une lumière bleue;
verts, à une lumière verte, &c. La feule différence qu'on obferve entre eux, c'eft que les uns
réfléchiffent plus ou moins de lumière que les
autres:

Il fuit de là bien évidemment que, fi la
lumière du foleil étoit un affemblage de rayons
de même efpèce, il n'y auroit dans la nature
qu'une feule couleur; & il feroit impoffible d'en
produire aucune autre par réflexion ou réfraction. La diverfité des couleurs vient donc néceffairement de ce que la lumière eft compofée
de rayons de différentes efpèces.

Troisième Proposition.

PROBLÊME I. *Déterminer la réfrangibilité des différents rayons homogènes, correspondante aux différentes couleurs.*

Pour résoudre ce problème, j'ai imaginé l'Expérience qui suit.

VII. EXPÉRIENCE. Les côtés rectilignes AF, GM, de l'image colorée du soleil étant terminés de même que dans la V EXPÉRIENCE de la I. PARTIE; toutes les couleurs s'y trouvent rangées comme dans le spectre (27) homogène, décrit à l'article IV. Or les cercles du spectre (28) hétérogène PT, qui sont superposés & confondus dans ses parties moyennes, ne font point entremêlés dans ses parties extrêmes, contiguës aux côtés rectilignes AF,

Fig. 33.

---

(27) Le spectre dont les couleurs font composées chacune de rayons homogènes.

(28) Le spectre dont les couleurs font composées chacune de rayons hétérogènes.

GM: auſſi ces côtés ne changent-ils point de couleurs par la réfraction, dès qu'ils ſont terminés nettement. D'ailleurs j'obſervai que, lorſqu'une droite, telle que $\gamma \delta$, coupoit le ſpectre en quelque endroit entre les deux cercles extrêmes TMF, PGA, de manière que ſes extrémités fuſſent perpendiculaires aux côtés rectilignes, on voyoit ſur toute cette ligne une ſeule & même couleur. Ainſi, après avoir tracé ſur un papier le périmètre du ſpectre FAPGMT, je fis tomber le ſpectre même ſur cette figure, de ſorte qu'il s'y adaptât exactement. Tandis que je tenois ce papier, une perſonne dont la vue étoit pénétrante & qui pouvoit mieux que moi diſcerner les couleurs, tirant à travers le ſpectre les droites $\alpha \beta$, $\gamma \delta$, $\epsilon \zeta$, &c, marquoit les confins des couleurs; celles du rouge en M$\alpha\beta$F, de l'orangé en $\alpha \gamma \delta \beta$, du jaune en $\gamma \epsilon \zeta \delta$, du vert en $\epsilon \eta \theta \xi$, du bleu en $\eta \iota \kappa \theta$, de l'indigo en $\iota \lambda \mu \kappa$, & du violet en λG Aμ.

Cette opération ayant été répétée ſur le même papier & ſur pluſieurs autres, les obſervations parurent s'accorder aſſez bien; & les côtés rectilignes MG, AF ſe trouvèrent

divifés par ces lignes tranfverfales dans la proportion des longueurs du monochorde qui donnent les fept tons du mode mineur. Pour
le prouver : GM étant mené en x, de forte
que Mx foit égal à GM, imaginez que G x,
λ x, ι x, η x, ε x, γ x, α x, M x, font proportionnellement entre eux comme les nombres
$1, \frac{8}{9}, \frac{5}{6}, \frac{3}{4}, \frac{2}{3}, \frac{3}{5}, \frac{9}{16}, \frac{1}{2}$, qui repréfentent une
tierce mineure, une quarte, une quinte, une
fixte majeure, une feptième, & une octave.
Cela pofé, les intervalles M α, α γ, γ ε, ε η,
η ι, ι λ, λ & G, feront les efpaces occupés par
les différentes couleurs, le rouge, l'orangé,
le jaune, le vert, le bleu, l'indigo, & le
violet.

Comme ces efpaces foutendent les différences de réfraction des rayons qui vont jufqu'aux limites de ces couleurs, c'eft à dire,
jufqu'aux points M, α, γ, ε, η, ι, λ, G ;
ils peuvent être regardés, fans erreur fenfible,
comme proportionels aux différences des finus
de réfraction de ces rayons qui ont un finus d'incidence commun. Et puifque le commun finus
d'incidence des plus réfrangibles & des moins
réfrangibles, à leur paffage du verre dans

l'air (29), eſt exactement à leur ſinus de réfraction, comme 50 à 77 & 78; en diviſant
la différence des ſinus de réfraction 77 &
78 de la même manière que la ligne GM
eſt diviſée par ces intervalles, on aura 77,
$77\frac{1}{8}$, $77\frac{1}{5}$, $77\frac{1}{7}$, $77\frac{1}{3}$, $77\frac{2}{3}$, $77\frac{7}{9}$, 78,
pour ſinus de réfraction de ces rayons. Ainſi,
les ſinus de réfraction des rayons rouges s'é-
tendent depuis 77 juſqu'à $77\frac{1}{8}$; ceux des rayons
orangés, depuis $77\frac{1}{8}$ juſqu'à $77\frac{1}{5}$; ceux des
rayons jaunes, depuis $77\frac{1}{5}$ juſqu'à $77\frac{1}{3}$; ceux
des rayons verts, depuis $77\frac{1}{3}$ juſqu'à $77\frac{1}{2}$;
ceux des rayons bleus, depuis $77\frac{1}{2}$ juſqu'à
$77\frac{2}{3}$; ceux des rayons indigos, depuis $77\frac{2}{3}$ juſqu'à $77\frac{2}{9}$; ceux des rayons violets, depuis $77\frac{7}{9}$
juſqu'à 78.

Telles ſont les lois de la réfraction des rayons
qui paſſent du verre dans l'air : d'où il eſt aiſé
de déduire les lois de la réfraction des rayons
qui paſſent de l'air dans le verre.

VIII. EXPÉRIENCE. La lumière (qui de

_____

(29) Voyez la ſeptième Propoſition de la première
Partie.

l'air paſſe dans différents milieux contigus, comme l'eau & le verre, d'où elle repaſſe dans l'air) reſte blanche (H), ſoit que les ſurfaces réfringentes ſoient parallèles ou inclinées l'une à l'autre ; pourvu toutefois que les rayons émergents reſtent parallèles aux rayons incidents : ſinon, elle paroît colorée à ſes confins, & toujours d'autant plus colorée qu'elle s'éloigne davantage du dernier milieu d'où elle émerge. Ce dont je me ſuis aſſûré, en réfractant la lumière avec des priſmes de verre plongés dans un vaſe priſmatique plein d'eau. Dans le dernier cas, les rayons hétérogènes ſe ſéparent donc les uns des autres par l'inégalité de leurs réfractions ; ce qui n'arrive pas dans le premier cas. D'où je crois devoir déduire ces deux Théorèmes.

I. THÉORÈME. *Les excès des ſinus de réfraction des rayons hétérogènes ſur leur commun ſinus d'incidence, lorſque les rayons traverſent divers milieux plus denſes que l'air, ſont entre eux en proportion donnée.*

II. THÉORÈME. *Le ſinus d'incidence eſt au ſinus de réfraction des rayons homogènes, à* leur passage d'un milieu dans un autre, en raison composée de celle du sinus d'incidence au sinus de réfraction au sortir du premier milieu dans le troisième, & de celle du sinus d'incidence au sinus de réfraction au sortir du troisième milieu dans le second.

Par le premier Théorème on connoît les réfractions que les rayons de chaque espèce souffrent en passant d'un milieu quelconque dans l'air, la réfraction des rayons d'une seule espèce étant déterminée. Par exemple, si on veut connoître les réfractions de ces rayons à leur passage de l'eau de pluie dans l'air, il suffira de soustraire des sinus de réfraction le commun sinus d'incidence du verre dans l'air : les excès seront 27, $27\frac{1}{8}$, $27\frac{1}{5}$, $27\frac{1}{4}$, $27\frac{1}{2}$, $27\frac{1}{3}$, $27\frac{2}{9}$, 28. Ainsi, supposé que le sinus d'incidence des moins réfrangibles soit à leur sinus de réfraction comme 3 à 4 : en faisant cette proportion; 1, différence de ces sinus, est à 3, sinus d'incidence, comme 27, le plus petit de ces excès, est à 81; 81 sera donc le commun sinus d'incidence, au passage de l'eau de pluie dans l'air. Or si on ajoûte à ce sinus tous les excès en question, on aura 108, $108\frac{1}{8}$, $108\frac{1}{5}$, $108\frac{1}{3}$, $108\frac{1}{2}$,

$108\frac{1}{2}$, $108\frac{2}{3}$, $108\frac{2}{9}$, 109, sinus de réfraction cherchés.

Par le second Théorème on trouve la réfraction des rayons à leur passage d'un milieu dans un autre, dès qu'on connoît leurs réfractions à leur passage de ces deux milieux dans un troisième. Par exemple, si le sinus d'incidence d'un rayon quelconque, passant du verre dans l'air, est à son sinus de réfraction comme 20 à 31 ; & si le sinus d'incidence du même rayon, passant de l'air dans l'eau, est à son sinus de réfraction comme 4 à 3 : le sinus d'incidence de ce rayon, passant du verre dans l'eau, sera à son sinus de réfraction comme 20 à 31 & 4 à 3 conjointement; c'est à dire, comme le produit de 20 par 4 est au produit de 31 par 3, ou comme 80 est à 93.

Ces Théorèmes une fois admis, il seroit aisé de traiter l'Optique avec beaucoup d'étendue & d'une manière toute nouvelle, non seulement en faisant voir ce qui tend à perfectionner la vision médiate, mais encore en déterminant mathématiquement toutes sortes de phénomènes concernant les couleurs qui peuvent être produites par la réfraction; puisqu'à ce

Tome I.   I

dernier égard, il fuffit de trouver les féparations des rayons hétérogènes, leurs divers mélanges, & les proportions de chacun de ces mélanges. C'eft par cette méthode que j'ai découvert prefque tous les phénomènes décrits dans cet ouvrage ; & par le fuccès des expériences que j'ai faites, j'ôfe affûrer que quiconque commencera par raifonner jufte, & fera enfuite des expériences de ce genre avec de bons verres & les précautions requifes, réuffira infailliblement dans fon attente. Mais il faut, avant tout, favoir quelle couleur doit réfulter du mélange d'autres couleurs quelconques, combinées en proportion déterminée.

QUATRIÈME PROPOSITION.

THÉORÈME III. *On peut compofer des couleurs femblables aux homogènes pour le coup d'œil, non pour l'immutabilité ; couleurs d'autant plus foibles qu'elles font plus compofées, & fi foibles enfin qu'elles difparoiffent pour fe changer en blanc ou en gris. On peut auffi compofer des couleurs différentes de chacune des couleurs fimples.*

D'un mélange de rouge & de jaune homogènes réfulte un orangé, qui paroît femblable à celui du fpectre; mais qui n'eft pas homogène, puifqu'il fe réfoud en fes éléments lorfqu'on le regarde au travers d'un prifme.

Il en eft de même des couleurs intermédiaires. Ainfi, un mélange de jaune & de vert homogènes, donne la couleur qui les fépare dans le fpectre. Si on ajoûte du bleu au mélange, il en réfultera un vert qui tiendra le milieu entre ces trois couleurs conftituantes. Si le jaune & le bleu font en quantités égales, le vert ne tirera pas plus fur l'un que fur l'autre. A ce vert compofé ajoûte-t-on un peu de rouge & de violet? il devient moins vif. A mefure qu'on augmente la quantité du rouge & du violet, il s'affoiblit de plus en plus jufqu'à ce qu'il change de teinte, ou devient blanc.

A une couleur homogène quelconque, fi on ajoûte de la lumière immédiate du foleil, qui eft compofée de toutes les efpèces de rayons; cette couleur s'affoiblira fans changer de teinte.

Enfin le rouge & le violet, mélés en différentes proportions, produifent diverfes efpèces de pourpre, qui ne reffemblent à aucune des

I 2

couleurs homogènes. De ces pourpres mêlés avec le jaune & le blanc, on peut encore faire d'autres couleurs.

CINQUIÈME PROPOSITION.

THÉORÈME IV. *La blancheur de la lumière solaire résulte de toutes les couleurs primitives mêlées dans une juste proportion; & avec des couleurs matérielles on peut composer le blanc, & tous les gris entre le blanc & le noir.*

Fig. 34. IX. EXPÉRIENCE. Le spectre P.T, ayant été projeté sur un mur au fond d'une chambre obscure, je tins tout auprès un morceau de papier blanc V, de manière qu'il fût illuminé par les rayons réfléchis, sans en intercepter aucun dans leur trajet du prisme au mur. Alors j'observai que le papier paroissoit teint de la couleur dont il étoit le plus proche : mais s'il étoit à peu près à égale distance de chacune ; également illuminé par toutes ces couleurs à la fois, il paroissoit blanc. La situation du papier restant la même, si quelque couleur venoit à être interceptée, il perdoit aussitôt sa blancheur, pour prendre la teinte des rayons qui n'étoient pas interceptés. Ainsi, ces rayons retenoient chacun leur propre couleur, avant de tomber sur le papier qui les réfléchissoit à l'œil. De sorte que, si chaque espèce eût été seule ou de beaucoup prédominante, elle seule auroit coloré le papier; mais se trouvant mélée avec les autres dans une proportion convenable, elle faisoit paroître blanc le papier : la blancheur résulte donc de leur mélange.

Ces rayons conservoient aussi chacun leur propre couleur en tombant sur le papier V dans leur trajet du spectre à l'œil, puisqu'ils faisoient voir les différentes parties de cette image sous leurs propres couleurs. Or c'est en vertu de leur parfait mélange, qu'ils rendoient blanche la lumière réfléchie par ce papier.

X. EXPÉRIENCE. Après avoir fait passer Fig. 35. l'image solaire PT à travers un objectif MN, de 5 pouces d'ouverture, de 6 pieds de foyer, & distant du prisme ABC d'environ 6 pieds; si elle est projetée sur un papier blanc vertical DE, placé avant le foyer de l'objectif, comme en *de*, elle paroitra avec des couleurs très-

vives. Mais à mesure qu'on approche le papier
du foyer, toutes les couleurs concentrées en
un plus petit espace s'entremêlent & s'affoi-
blissent toujours de plus en plus ; jusques à ce
qu'au foyer même leur mélange est si intime,
qu'elles s'évanouïssent tout à fait pour former
un champ circulaire d'une parfaite blancheur.
Passé ce point, les rayons convergents deviennent divergents : alors leurs couleurs reparois-
sent, mais dans un ordre opposé.

Fixons à présent le papier au foyer G, & con-
sidérons-en la blancheur. Elle résulte du mélange des rayons qui convergent : car si une
ou plusieurs espèces de ces rayons sont interceptées proche de l'objectif, la blancheur du
champ disparoîtra aussi tôt, pour faire place
(30) à la teinte qui résulte du mélange des
couleurs restantes ; puis elle se rétablit, dès

_____

(30) Si le violet, le bleu & le vert sont interceptés ;
le jaune, l'orangé, & le rouge qui restent composé-
ront une espèce d'orangé : si on laisse ensuite passer
les rayons interceptés, ils se mêleront avec cet orangé
& reproduiront du blanc.

De même si le rouge & le violet sont interceptés ;

que les couleurs cessent d'être interceptées. Or
en se combinant pour former le blanc, les
différents rayons ne souffrent aucun changement
dans leurs qualités colorifiques, & n'agissent
point l'un sur l'autre ; ils se mêlent donc simplement. C'est ce qui paroitra encore mieux
par les épreuves suivantes.

Le papier étant au delà du foyer comme en
δz, qu'on intercepte & qu'on transmette alternativement le rouge, il n'arrivera aucun changement au violet ; ensuite qu'on intercepte &
qu'on transmette alternativement le violet, il
n'arrivera aucun changement au rouge : les
rayons hétérogènes n'agissent donc pas les uns
sur les autres au foyer où ils se mêlent.

Si on regarde au travers d'un prisme l'image
blanche solaire, on la verra oblongue & colorée.
Qu'on intercepte le rouge à son entrée dans
l'objectif, & qu'ensuite on le laisse passer ; il
disparoitra de l'image colorée & reparoitra
autant de fois, mais le violet ne souffrira aucun

le jaune, le verd, & le bleu qui restent composeront
une espèce de verd ; puis en les laissant passer, ils se
mêleront avec ce verd & reproduiront du blanc.

I 4

changement. Pareillement qu'on intercepte le
bleu à son entrée dans l'objectif, & qu'on le
laisse passer ensuite ; il disparoîtra & repa-
roîtra autant de fois, mais le rouge ne souffrira aucun changement. Le rouge & le bleu
dépendent donc chacun d'une différente espèce
de rayons, qui se mêlent au foyer G sans
agir les uns sur les autres. Il en est de même de
chacune des couleurs primitives.

Lorsque les rayons sont convergents, les plus
réfrangibles P p, & les moins réfrangibles T t,
se trouvent inclinés entre eux. Si le papier in-
terposé au foyer G étoit fort oblique, il pourroit réfléchir les uns en plus grand nombre
que les autres ; leur champ seroit donc de la
teinte des rayons prédominants, dans l'hypothèse toutefois que les rayons retiennent
chacun leur propre couleur : car s'ils ne fe-
soient que concourir chacun à part à exciter
la sensation du blanc, ils conserveroient toujours la même propriété, quelles que fussent
leurs réflexions. Or ayant incliné le papier de
manière que les plus réfrangibles fussent réfléchis
en plus grand nombre, comme dans la II

EXPÉRIENCE de cette PARTIE ; bientôt le champ de lumière parut successivement bleu, indigo, & violet. Puis ayant incliné le papier de manière que les moins réfrangibles fussent réfléchis en plus grand nombre ; le champ parut successivement jaune, orangé, & rouge.

Enfin ayant mis le papier au foyer de l'ob-jectif, les rayons rassemblés y formèrent une image circulaire du soleil. Alors je plaçai tout auprès de l'objectif un instrument XY en forme de peigne, dont les dents au nombre de seize avoient chacune environ 18 lignes de largeur,& leurs interstices chacun environ 24 lignes: ainsi, une partie des rayons étoit interceptée par l'interposition de chaque dent ; tandis que les autres, passant par les interstices contigus, tomboient sur le papier & rendoient l'image oblongue d'une couleur mixte, produit de celles qui n'étoient pas interceptées. En fefant mouvoir le peigne, cette couleur varioit con-tinuellement ; car chaque dent passant à son tour devant l'objectif, toutes les couleurs se succédoient l'une à l'autre. Cette succession, très-distincte lorsque le mouvement du peigne étoit lent, devenoit très-confuse lorsque le mou-vement du peigne étoit rapide.

Fig. 35.

Etoit-il affez rapide pour que les couleurs ne puffent plus être diftinguées ? elles fembloient difparoître totalement, & de leur mélange confus réfultoit en apparence une blancheur uniforme : d'où il fuit que les rayons retiennent tous leur couleur propre, jufqu'à ce qu'ils parviennent au *fenforium commun.* Que fi leurs impreffions fe fuivent affez lentement pour qu'elles fe faffent chacune à part ; il en réfultera des fenfations diftinctes de chaque couleur, malgré leur fucceffion continuelle. Mais fi leurs impreffions font affez promptes pour qu'elles ne puiffent fe faire chacune à part ; il en réfultera la fenfation du blanc, fenfation mixte qui participe indifféremment de celles de toutes les couleurs.

Quand un charbon allumé eft mu avec vélocité en rond, il fait paroître un cercle de feu ; parce que l'impreffion que fa préfence dans chaque point du cercle excite fur le *fenforium,* dure jufqu'à ce qu'il foit revenu au même point. Ainfi, dans une fucceffion rapide de couleurs, l'impreffion de chacune fubfifte pendant la révolution entière de toutes les autres : leurs impreffions exiftent donc à la fois

Pl. XIII. Pag. 138.

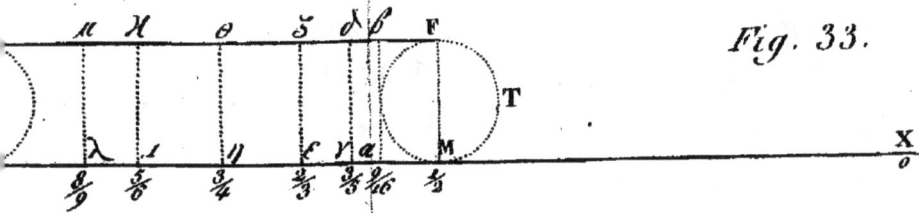

Fig. 33.

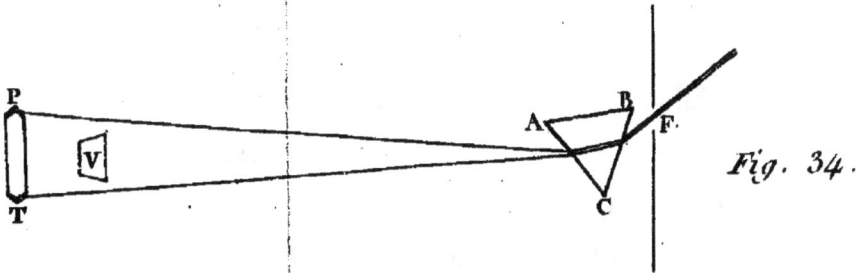

Fig. 34.

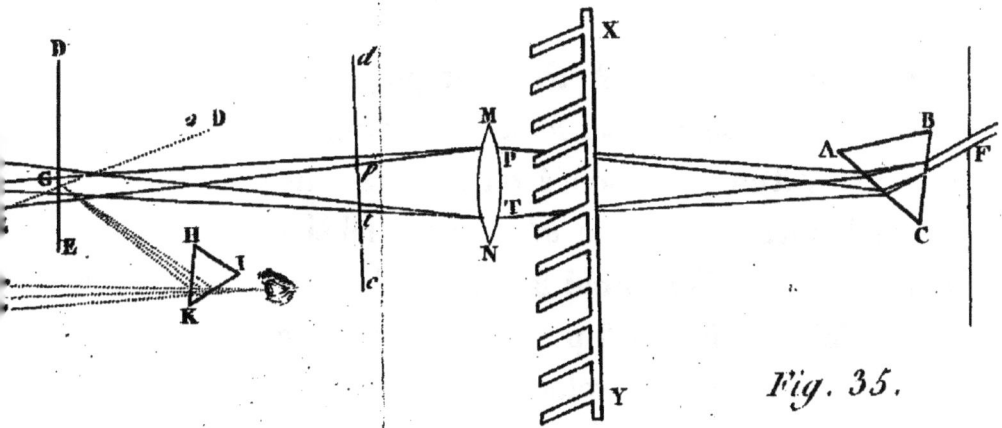

Fig. 35.

dans le *sensorium*, où leur mélange produit la sensation du blanc.

Maintenant qu'on retire le peigne, pour que toutes les couleurs transmises de l'objectif au papier s'y mêlent & en soient réfléchies à la fois ; leurs impressions sur le *sensorium*, étant mieux unies, y exciteront une plus vive sensation du blanc.

On peut substituer à l'objectif deux prismes HJK & LMN, pour réfracter en un sens contraire au premier la lumière colorée, & faire que les rayons convergents se réunissent en G : or à l'endroit où ils se mêlent, ils composent une lumière blanche comme fait l'objectif. *Fig. 36.*

XI. EXPÉRIENCE. Après avoir projeté le *Fig. 37.* spectre PT sur un mur au fond de la chambre obscure, si d'un point donné on regarde cette image à travers le prisme *abc* tenu parallèlement au prisme ABC qui la forme, de sorte qu'elle soit abaissée en S par la réfraction ; on la verra oblongue & colorée comme à vûe simple. S'approche-t-on du lieu où elle paroît ?

on continue de la voir oblongue & colorée.
Mais si on s'en éloigne, ses couleurs, se res-
serrant de plus en plus, s'évanouïssent enfin
tout à fait : alors on la voit parfaitement ronde
& blanche, commé en S. Si on s'en éloigne
davantage ; ses couleurs reparoitront, mais en
ordre inverse.

L'image S paroît blanche, lorsque les rayons
hétérogènes, qui de ces divers endroits se réunissent au prisme *a b c*, souffrent des réfractions
si inégales, qu'en passant du prisme à l'œil ils
divergent d'un seul point de l'image S, &
tombent sur un seul point au fond de l'œil,
où ils sont mêlés & confondus.

Au reste si les couleurs de l'image PT sont
successivement interceptées par les dents du
peigne, l'image S paroîtra formée de couleurs
successives, tant que le peigne sera mu lentement. Mais si son mouvement devient assez
accéléré, pour que la succession des couleurs
soit si rapide qu'on ne puisse les distinguer
l'une après l'autre ; la sensation confuse de
leur mélange fera paroître blanche cette image.

XII. EXPÉRIENCE. Le soleil donnant à

travers un gros prifme ABC fur un peigne XY Fig. 36.
placé immédiatement après ; je fis tomber les
rayons tranfmis par les interftices des dents fur
un papier blanc DE. Ces dents, égales à leurs interftices, avoient chacune un peu moins d'une
ligne de largeur. Lorfque le papier étoit environ à
2 ou 3 pouces du peigne, la lumière qui paffoit
par ces interftices peignoit tout autant de rangs
de couleurs *kl*, *mn*, *op*, *qr*, &c. parallèles
entre eux, contigus, & fans aucun mélange de
blanc. Lorfqu'on fefoit continuellement mouvoir le peigne de bas en haut & de haut en
bas, ces couleurs montoient & defcendoient
fur le papier. Lorfque le mouvement du peigne
étoit très-prompt, les couleurs n'étoient plus
diftinctes & le papier paroiffoit blanc.

Le peigne étant immobile, fi on éloignoit
du prifme le papier, on voyoit les divers
rangs de couleurs s'étendre & fe dilater, en
rentrant de plus en plus l'un dans l'autre. Enfin
lorfque le papier étoit environ à un pied du
peigne, comme en 2 D 2 E ; les couleurs
s'affoibliffoient fi fort par leur mélange, qu'elles
paroiffoient former du blanc : ce qui fe voyoit
au mieux, lorfqu'on interceptoit les rayons

tranſmis par quelque interſtice ; car alors les rayons des rangs contigus coloroient l'eſpace abandonné, & cet eſpace redevenoit blanc dès que ces rayons n'étoient plus interceptés.

Suppoſons le papier 2 D 2 E fort incliné aux rayons incidents, de ſorte que les plus réfrangibles ſoient réfléchis en plus grand nombre que les autres ; par leur excès, la blancheur fera place à une teinte bleue & violette. Enſuite ſuppoſons le papier également incliné en ſens contraire, de ſorte que les moins réfrangibles ſoient réfléchis en plus grand nombre que les autres ; par leur excès, la blancheur fera place à une teinte jaune & rouge. D'où il ſuit que les différents rayons retiennent toujours leurs qualités colorifiques, puiſque ceux d'une couleur quelconque la font paroître dès qu'ils deviennent prédominants.

De ce principe appliqué à la III EXPÉRIENCE de cette PARTIE, on peut inférer que la blancheur des rayons refractés eſt produite par le mélange des différentes couleurs, même à leur émergence, où elle paroît tout auſſi vive qu'avant leur incidence.

Pl. XIV. Pag.142

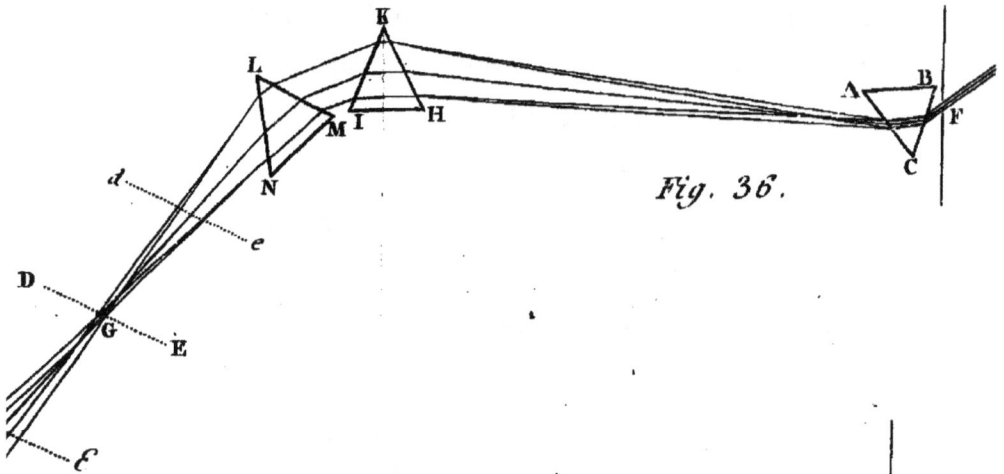

Fig. 36.

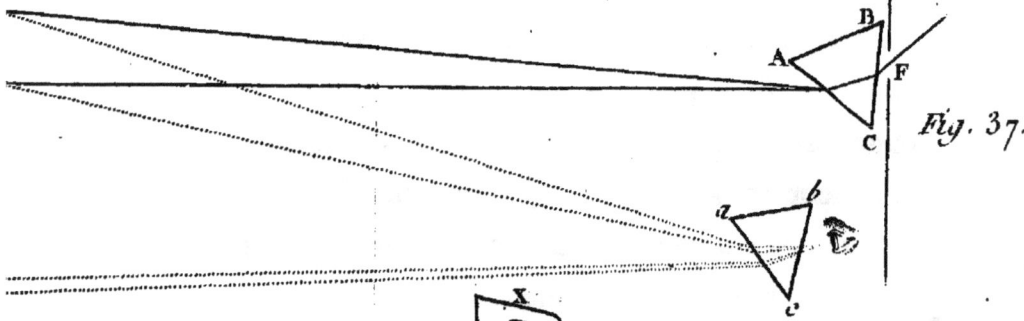

Fig. 37.

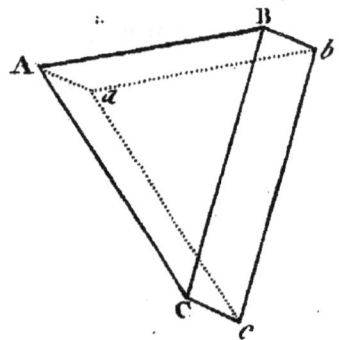

XIII. EXPÉRIENCE. Dans celle qui précède, chaque interstice des dents du peigne fait fonction de prisme, puisqu'il produit des phénomènes semblables. Ainsi, substituant des prismes à ces interstices, j'essayai de composer du blanc par le mélange des couleurs qu'ils donnoient : voici de quelle manière. Je pris deux prismes ABC & *abc*, dont les angles réfringents B & *b* étoient égaux. Je les plaçai parallèlement, fort près l'un au dessus de l'autre, de manière que leurs faces CB & *cb*, d'où émergeoient les rayons, correspondoient exactement. Ensuite je reçus ces rayons sur le papier MN, à la distance de 8 à 10 pouces ; alors les couleurs produites par les extrémités rapprochées B & *c* des prismes se mélèrent en PT, & produisirent du blanc. Mais dès qu'on retiroit l'un des prismes, les couleurs produites par l'autre paroissoient sur cet espace PT ; & dès que le prisme étoit remis dans la même position, aussi tôt le mélange des couleurs des deux prismes reproduisoit du blanc. (31)

Fig. 39.

---

(31) Cette Expérience réussit pareillement, quoique l'angle *b* du prisme inférieur soit un peu plus grand que

Pour que cette expérience réuſſiſſe, il ſuffit que tous les rayons hétérogènes ſoient mélés ſur le papier en PT. Si les plus réfrangibles émergents du priſme ſupérieur occupent tout l'eſpace de M en P, les plus réfrangibles émergents du priſme inférieur doivent occuper tout l'eſpace de P en N. De même ſi les moins réfrangibles émergents du priſme ſupérieur occupent tout l'eſpace MT, les moins réfrangibles émergents du priſme inférieur doivent occuper tout l'eſpace TN. A l'égard des rayons intermédiaires émergents du priſme ſupérieur, ſi une eſpèce eſt diſperſée ſur l'eſpace MQ, une autre ſur l'eſpace MR, & une autre ſur l'eſpace MS ; les eſpèces reſpectives des rayons qui émergent du priſme inférieur doivent illuminer les eſpaces QN, RN, SN : & ainſi du reſte. Par ce moyen les rayons de chaque eſpèce, diſperſés d'une manière égale & uniforme ſur tout l'eſpace MN, doivent donner par-tout le même mélange.

---

l'angle B du priſme ſupérieur, quoique les angles internes B & c ſoient un peu eſpacés, & quoique les plans réfringents BC & bc ne ſoient placés ni directement ni parallèlement entre eux.

Puis

Puis donc que ce mélange produit du blanc dans les efpaces intérieurs MP & TN, il doit auffi en produire dans l'efpace intermédiaire PT. De là vient la blancheur de la lumière dans cette Expérience.

Enfin fi, au moyen des dents d'un peigne de grandeur convenable, on intercepte alternativement les rayons colorés qui des deux prifmes tombent fur l'efpace PT; il arrivera toujours que, fefant mouvoir le peigne lentement, cet efpace paroitra coloré : mais il paroitra blanc, fi le mouvement du peigne eft accéléré au point qu'on ne puiffe pas diftinguer les couleurs.

XIV. Expérience. Jufqu'ici on a vu le blanc réfulter du mélange des couleurs prifmatiques. Pour le voir réfulter du mélange des couleurs matérielles, qu'on prenne de l'eau de favon un peu épaiffie, qu'on la faffe mouffer, & qu'on la regarde avec attention; on appercevra diverfes couleurs à la furface de chaque bulle dont la mouffe eft compofée. Mais fi on s'éloigne au point de ne pouvoir

Tome I. K

diftinguer les couleurs, la mouffe paroitra
d'une blancheur parfaite.

XV. Expérience. Enfin, effayant de compofer du blanc par le mélange de poudres
colorées dont fe fervent les peintres, j'obfervai
que toutes ces poudres éteignent une partie
confidérable de la lumière dont elles tirent
leur éclat. Car elles ne paroiffent colorées qu'à
raifon de la lumière de leur propre couleur,
qu'elles réfléchiffent en plus grande quantité
que celle des autres couleurs. Néanmoins elle
ne la réfléchiffent pas en auffi grande quantité
que le font les corps blancs. Si on expofe du
vermillon ou du papier blanc aux rayons du
fpectre; le papier aura plus d'éclat que le
vermillon : il réfléchit donc les rayons rouges
en plus grande quantité. Il réfléchira pareillement en plus grande quantité les rayons d'une
autre couleur.

La même chofe arriveroit à l'égard de toute
autre poudre différemment colorée : ainfi, il
ne faut pas prétendre que le mélange de ces
fortes de poudres produife un blanc vif &
pur, comme celui du papier ; il n'en peut

réfulter qu'un blanc obfcur, tel que celui d'un mélange de lumière & d'ombre, ou de blanc & de noir, c'eft à dire, une efpèce de gris foncé.

J'ai fouvent obtenu un pareil blanc d'un mélange de poudres colorées. Par exemple, une partie de minium & cinq parties de vert-de-gris triturées donnèrent un gris-fouris : mais telle eft l'hétérogénéité de ces couleurs, que combinées en différentes proportions elles donnoient toujours des mélanges différemment colorés. D'une autre part, une partie de minium & quatre parties d'azur donnèrent un mélange brun-pourpre, qui devint brun-clair par l'addition d'une certaine quantité d'orpi- ment & de vert-de-gris. Mais l'Expérience réuffit beaucoup mieux, en ajoutant peu à peu à l'orpiment certaine quantité de ce pourpre éclatant dont fe fervent les peintres, & cela jufqu'à ce que le mélange foit d'un rouge pâle; puis en y ajoutant un peu de vert-de- gris, & un peu plus d'azur, jufqu'à ce qu'il paroiffe d'un gris-cendré. Comme les poudres de même efpèce diffèrent en qualité, il eft affez difficile de déterminer dans quelles pro-

portions elles doivent entrer dans le mélange:
mais, en général, elles doivent y entrer en
quantité d'autant plus confidérable qu'elles
font plus obfcures; car plus elles réfléchiffent
de lumière, plus elles contribuent à la blancheur. C'eft le cas où fe trouve l'orpiment dans
la préparation précédente.

Ces couleurs grifes peuvent auffi être produites par un mélange de blanc & de noir;
& comme elles ne diffèrent du blanc parfait
qu'en intenfité de clarté, pour les rendre parfaitement blanches il ne faut qu'en augmenter
fuffifamment l'éclat. Or fi, en les rendant plus
éclatantes, on peut les porter à un degré parfait
de blancheur, il fuit de là que ces couleurs font
de la même efpèce que le blanc parfait, &
n'en diffèrent que par l'intenfité de la lumière.
C'eft ce que prouve l'Expérience qui fuit.

Ayant pris le tiers d'un mélange compofé d'orpiment, de pourpre, d'azur, & de vert-de-gris,
j'en étendis une couche affez épaiffe fur le plancher de ma chambre, à un endroit où le foleil
donnoit au travers d'une croifée ouverte. Enfuite je plaçai à côté, mais à l'ombre, un

morceau de papier blanc, à peu près de même étendue. Puis m'éloignant de 12 à 18 pieds, distance où je ne pouvois plus distinguer les inégalités de surface de la poudre, ni les petites ombres qu'elles produisoient : cette composition me parut d'un blanc si éclatant qu'il surpassoit celui du papier, sur-tout lorsque la lumière incidente sur le papier étoit interceptée par quelque nuage ; car alors il paroissoit gris, comme la poudre fesoit à la simple clarté du jour. En augmentant ou diminuant la lumière qui illumine la poudre & le papier, on peut trouver le point où l'une & l'autre paroitront d'une égale blancheur. Un jour que je fesois cette Expérience, un de mes amis m'étant venu voir, je l'arrétai à la porte de la chambre, & sans lui dire ce dont il s'agissoit, je lui montrai du doigt les objets étendus sur le plancher, & lui demandai lequel étoit le plus blanc. Après les avoir examinés de sa place, il me répondit qu'ils étoient tous deux d'un fort beau blanc, mais qu'il n'en voyoit pas la différence. Or si on considère que la poudre exposée au soleil étoit composée d'orpiment, de pourpre, d'azur, & de vert-de-gris, on conclura avec raison

K 3

que le mélange des différentes couleurs peut faire un blanc parfait.

De ce qui précède il suit évidemment, que la blancheur de la lumière solaire est composée de toutes les couleurs que les rayons hétérogènes donnent à tout corps blanc, sur lequel ils tombent après avoir été séparés par leurs différentes réfractions : car leurs couleurs sont inaltérables ; & toutes les fois qu'ils sont mêlés de nouveau, ils reproduisent de la lumière blanche.

SIXIÈME PROPOSITION.

PROBLÊME II. *Dans un mélange de couleurs primitives, la qualité & la quantité de chaque couleur étant données, connoître la couleur du composé.*

Fig. 40.　　Du centre O & par le rayon OD soit décrit le cercle ADF, dont la circonférence sera divisée en sept parties DE, EF, FG, GA, AB, BC, CD, proportionnellement aux intervalles de ces tons d'une octave, *sol, la, fa, sol, la, mi, fa, fol;* c'eſt à dire, proportionnellement aux nombres $\frac{1}{9}$, $\frac{1}{16}$, $\frac{1}{10}$, $\frac{1}{9}$, $\frac{1}{16}$, $\frac{1}{16}$, $\frac{1}{9}$. Que DE repréſente le rouge, EF l'orangé, FG le jaune, GA le vert, AB le bleu, BC l'indigo, & CD le violet, ſeules couleurs ſimples connues. Si on conçoit ces couleurs paſſant de l'une à l'autre par les mêmes nuances qui ſe dève-lopent lorſqu'on les ſépare au moyen d'un priſme; la circonférence DEFGABCD repré-ſentera la ſuite entière des couleurs du ſpectre : de ſorte que de D en E ſe trouveront toutes les nuances du rouge, & en E la couleur mixte intermédiaire; de E en F toutes les nuances de l'orangé, & en F la couleur mixte intermédiaire; de F en G toutes les nuances du jaune, & en G la couleur mixte intermé-diaire; &c. Cela poſé : ſoit *p* le centre de gravité de l'arc DE; & ſoient *q, r, ſ, t, u, x,* les centres de gravité des arcs EF, FG, GA, AB, BC, & CD reſpectivement. Puis autour de ces centres ſoient décrits des cercles pro-portionnels aux nombres des rayons de chaque couleur du mélange donné; c'eſt à dire, le cercle *p* proportionel au nombre des rayons rouges, le cercle *q* proportionel au nombre

K 4

des rayons orangés, &c. Enfuite qu'on trouve le commun centre de gravité de tous ces cercles p, q, r, f, t, u, x. Enfin en tirant de Z, pris pour ce centre, à la circonférence ADF, la ligne droite OY, le point Y placé dans la circonférence indiquera la couleur qui doit réfulter du concours de celles du mélange donné ; & la ligne OZ fera proportionnelle à la plénitude de cette couleur, c'eft à dire, à fa diftance du blanc. Par exemple, fi Y tombe au milieu de F & G, la couleur compofée fera le meilleur jaune poffible ; fi Y avance vers F ou G, la couleur compofée fera un jaune tirant fur l'orangé ou le vert. Si Z tombe fur la circonférence ; la couleur fera extrêmement vive : s'il tombe à égale diftance de la circonférence & du centre ; la couleur fera moitié moins vive, c'eft à dire, femblable à celle qui réfulteroit du jaune le plus vif & du blanc mélés en même quantité : enfin, s'il tombe fur le centre O ; la couleur fe perdra dans le blanc.

Mais il eft à obferver que, fi le point Z tombe fur la ligne OD ou tout auprès ; alors le rouge & le violet étant les principaux élémens,

la couleur compofée, différente (32) de toutes
les couleurs prifmatiques, formera un pourpre
tirant fur le rouge ou le violet, à mefure que
le point Z fera plus proche de E ou de C. Au
refte, fi on mêle en quantité égale feulement
deux des couleurs prifmatiques qui fe trouvent
oppofées l'une à l'autre dans le cercle, le
point Z tombera bien fur le centre O : mais
la couleur compofée fera foible & anonyme, au
lieu de former un blanc parfait ; car il eft mani-
fefte que le mélange de deux feules couleurs primitives ne forme pas un vrai blanc. J'ignore fi
ce blanc peut réfulter du mélange de trois couleurs fimples, prifes dans la circonférence à
égales diftances l'une de l'autre ; mais je fuis prefque affûré qu'il réfulte du mélange de quatre ou
cinq couleurs fimples. Au refte, ce font là des
recherches curieufes qui contribuent peu ou
point à la connoiffance des phénomènes ; puifque dans les diverfes efpèces de blanc naturel,
il y a un mélange de rayons de chaque efpèce,
c'eft à dire, un mélange de toutes les couleurs.

---

(32) En général le violet compofé a plus d'éclat &
de feu que le violet fimple.

Pour prouver cela par un exemple; fuppofé qu'une couleur foit compofée d'une partie de violet & d'indigo, de deux parties de bleu, de trois parties de vert, de quatre parties de jaune, de cinq parties d'orangé, & de fix parties de rouge : je commence par décrire des cercles x, u, t, f, r, q, p, proportionnels à ces parties refpectivement; c'eft à dire, tels que, fi le cercle x eft 1, le cercle u foit 1; le cercle t, 2; le cercle f, 3; & les cercles $r, q,$ & p, 5, 6, & 10. Enfuite je trouve Z commun centre de gravité de tous ces cercles; puis tirant par Z la ligne O Y, le point Y tombera fur la circonférence un peu plus près de E que de F; d'où je conclus que la couleur compofée eft un orangé tenant un peu plus du rouge que du jaune Je trouve auffi que O Z eft un peu moins que moitié de O Y, & j'infère de là que cet orangé a un peu moins que moitié de l'intenfité d'un orangé fimple, c'eft à dire qu'il reffemble à celui qui proviendroit d'un mélange d'orangé homogène & de bon blanc, d'après la proportion de la ligne O Z à la ligne Z Y; proportion qui eft fondée, non fur la quantité des poudres orangée &

blanche mélées , mais fur la quantité de lumière qui en eft réfléchie.

Quoique cette règle ne foit pas d'une juftesse
mathématique , elle eft pourtant assez exacte
pour la pratique : & la vérité en fautera aux yeux,
fi on arrête une couleur quelconque à fon entrée
dans l'objectif, conformément à la X Expérience de la II. Partie de ce Livre ; car
alors les autres couleurs qui paffent jufqu'au
foyer de l'objectif y compofent exactement ou
prefque exactement la couleur qui, d'après
cette règle , doit réfulter de leur mélange.

Septième Proposition.

Théorème V. *Toutes les couleurs produites par la lumière font celles des rayons homogènes , ou de leurs mélanges faits exactement
ou à peu près, fuivant la règle du Problême
précédent.*

Il a été démontré (33) que les changements
de couleur, produits par réfraction , ne vien-

---

(33) Voyez la Prop. I. de la I. Partie.

nent d'aucune modification que les rayons réfractés auroient éprouvée, ni de la manière dont la lumière & l'ombre se terminent, comme les Philosophes l'ont toujours cru.

Il a aussi été démontré (34) que les différentes couleurs des rayons homogènes correspondent toujours à leurs différents degrés de réfrangibilité, & (35) que ces différents degrés de réfrangibilité ne peuvent être changés ni par réfraction ni par réflexion, c'est à dire que leurs couleurs sont inaltérables.

Il a encore été demontré (36) qu'on ne peut changer les couleurs des rayons homogènes pris séparément, ni par des réfractions, ni par des réflexions multipliées.

Il a de plus été démontré (37) que, lorsque les rayons hétérogènes non séparés se croisent en traversant un espace quelconque, ils n'agissent pas l'un sur l'autre de manière à altérer leurs qualités colorifiques; mais que leurs im-

---

(34) Prop. I. de la I Partie, & Prop. II. de la II Partie.

(35) Proposition II. de la II Partie.

(36) Ibidem.

(37) Prop. V. de la II Part.

preſſions confondues dans le *ſenſorium* excitent une ſenſation différente de celles qu'ils pro-duiroient ſéparément, quoiqu'elle participe également de chacune ; c'eſt à dire, la ſenſa-tion du blanc, qui n'eſt autre choſe qu'un mélange de toutes les couleurs particulières de ces rayons, conſervées ſans altération dans leur mélange. Ainſi, le blanc tient le milieu entre toutes les couleurs, & prend indifféremment la teinte de chacune en particulier. Une poudre rouge mélée à une petite quantité de poudre bleue, ou une poudre bleue mélée à une petite quantité de poudre rouge, ne perd pas entière-ment ſa couleur : mais une poudre blanche, mélée à une poudre colorée quelconque, en prend auſſi tôt la teinte.

Enfin il a été démontré, que, comme la lumière du ſoleil eſt compoſée de rayons de toute eſpèce, la blancheur eſt un mélange de tous ces rayons, originairement doués de dif-férents degrés de réfrangibilité & de diffé-rentes qualités colorifiques inaltérables, qu'ils manifeſtent chaque fois qu'ils viennent à être ſéparés par réflexion ou réfraction.

De ces propoſitions bien démontrées découle la preuve de celle qui fait le sujet de cet article. Car si la lumière du soleil est composée de différentes espèces de rayons originairement doués d'un degré de réfrangibilité particulier à chacune, & de qualités colorifiques inaltérables ; il est évident que toutes les couleurs de la Nature ne sont autre chose que les qualités colorifiques des rayons de la lumière qui rend ces couleurs visibles.

Veut-on connoître la cause d'une couleur quelconque ? Il suffira donc de considérer comment les rayons solaires ont été séparés ou combinés par réfraction, par réflexion, &c : ou bien il suffira de déterminer les différents rayons qui composent la lumière dont cette couleur provient ; puis de faire voir, à l'aide du dernier Problême, quelle est la couleur qui doit provenir du mélange de ces rayons fait dans la proportion indiquée.

Au reste, il ne s'agit ici que des couleurs qui proviennent de la lumière : car il y en a qui tiennent à l'imagination ; telles sont celles que nous voyons en songe, celles qu'un maniaque croit appercevoir, celles que nous appercevons en nous frottant les yeux, ou en comprimant le coin de l'œil tandis que nous dirigeons la vûe du côté oppofé. Dans tous les cas où de pareilles caufes n'interviennent point, la couleur répond conftamment à l'efpèce ou aux efpèces de rayons dont la lumière eft compofée ; comme je l'ai remarqué dans les phénomènes que j'ai été à même d'examiner. On en verra des exemples dans les articles qui fuivent, où les phénomènes les plus remarquables feront expliqués.

HUITIÈME PROPOSITION.

PROBLÊME III. *Par les propriétés déja découvertes de la lumière, rendre raifon des couleurs produites par des prifmes.*

Soit ABC un prifme qui réfracte les rayons Fig. 41. folaires introduits dans la chambre obfcure par un trou Fφ prefque auffi large que le prifme ; & foit MN un papier blanc fur lequel les rayons émergents font projetés de manière que les violets foncés tombent fur l'efpace Pπ ; les rouges foncés, fur l'efpace T7 ; ceux qui tiennent le milieu entre les indigos & les bleus, fur l'efpace $Q\chi$; l'efpèce moyenne des verts, fur l'efpace $R\rho$; ceux qui tiennent le milieu entre les jaunes & les orangés, fur l'efpace $S\sigma$; & les autres efpèces intermèdiaires, fur les efpaces intermédiaires. De cette manière, les efpaces fur lefquels les différentes efpèces de rayons tombent en plein, feront plus bas l'un que l'autre. Si le papier MN eft affez près du prifme pour que les efpaces PT & $\pi7$ ne fe joignent pas; l'efpace intermédiaire $T\pi$, étant illuminé par tous les rayons hétérogènes encore confondus, fera blanc : mais les efpaces PT & $\pi7$ de part & d'autre, n'étant pas de même illuminés par toutes les efpèces de rayons, paroitront colorés. Or en P tombent les rayons extérieurs les plus réfrangibles ; fa teinte doit donc être violette foncée. En Q, les indigos, mélés aux violets, doivent produire une teinte violette-indigo. En R, les violets, les indigos, les bleus, & la moitié des verts doivent par leur mélange donner une teinte bleue-indigo. En S, tous les rayons entremélés, à l'exception des orangés & des rouges, doivent compofer un bleu foible verdâtre. Enfin de S en T, ce

T ce bleu doit toujours aller en s'affoibliſſant, juſqu'à ce qu'en T, où tous les rayons commencent à ſe méler, il ſoit changé en blanc.

De même dans l'eſpace πI, les rayons extérieurs les moins réfrangibles tombent en I; ainſi, ſa couleur doit être rouge foncée. En σ les orangés mélés aux rouges doivent produire un rouge-orangé. En ρ le mélange des rouges, des orangés, des jaunes, & de la moitié des verts, doit compoſer un jaune-orangé. En χ tous les rayons confondus, à l'exception des indigos & des violets, doivent compoſer un jaune foible verdâtre. Enfin ce jaune doit toujours aller en s'affoibliſſant de χ en π, où par le mélange de tous les rayons il devient blanc.

Telles ſont les couleurs qui paroîtroient, ſi la lumière du ſoleil étoit parfaitement blanche: mais comme elle eſt jaunâtre, les rayons jaunes prédominants, mélés au bleu pâle qui ſe trouve entre S & F, ſont qu'elle approche d'un vert pâle. Ainſi, les couleurs priſes de P en T doivent être le violet, l'indigo, le bleu, un vert fort foible, le blanc, un jaune pâle, l'orangé, & le rouge. C'eſt ce que le calcul établit & ce

Tome I. L

que les faits confirment, quand on examine ces phénomènes.

Voilà les couleurs qui font apparentes aux deux côtés du champ, lorsqu'on tient le papier entre le prifme & le point X, où les couleurs s'entrecoupent, & où le blanc intermédiaire s'évanouït.

Si le papier eft à une plus grande diftance du prifme, les rayons les plus réfrangibles & les moins réfrangibles manqueront au milieu du champ, & ceux qui s'y trouvent produiront par leur mélange un vert plus chargé qu'auparavant. Aiors auffi le jaune & le bleu feront moins hétérogènes, conféquemment plus foncés : ce qui s'accorde encore avec l'expérience.

Si on regarde au travers d'un prifme un objet blanc environné de noir ou d'obfcurité, les couleurs qui paroiffent fur les bords viennent à peu près du même principe ; comme le reconnoitront ceux qui prendront la peine d'examiner avec foin ce phénomène.

Au contraire, fi un objet noir eft environné de blanc, les couleurs qui paroiffent fur fes bords doivent être attribuées à la lumière du fond qui se répand sur les parties voisines du noir : aussi ces couleurs paroissent-elles dans un ordre opposé.

Il en est de même lorsqu'on regarde un objet dont quelques parties sont plus ou moins lumineuses : car aux confins de ces parties, les couleurs doivent toujours provenir de l'excès de la lumière des plus lumineuses ; avec cette différence, qu'elles seront plus foibles que si les parties obscures étoient noires.

Ce qui vient d'être dit des couleurs produites par le prisme, peut aisément s'appliquer aux couleurs produites par les verres d'une lunette, d'un microscope, ou par les humeurs de l'œil. Car si l'objectif est plus épais d'un côté, ou si une moitié de l'objectif ou de la cornée transparente est couverte d'une substance opaque quelconque ; la partie de l'objectif ou de l'œil qui n'est pas couverte, peut être considérée comme un coin à côtés recourbés : or un coin de verre ou de toute autre matière transparente fait l'office de prisme.

La lumière du soleil étant jaune, l'excès des rayons bleus dans un faisceau réfléchi peut

L 2

bien changer ce jaune en un blanc bleuâtre, non le rendre décidément bleu. Ainsi, voulant me procurer un meilleur bleu, je substituai, à la lumière directe du soleil, la lumière réfléchie par le ciel, en variant l'Expérience comme on va le voir.

Fig. 42.   XVI. EXPÉRIENCE. Soit HFG un prisme en plein air, & S l'œil du spectateur appercevant le ciel par la lumière incidente sur le côté FJGK, réfléchie de dessus la base HEJG, & émergente par le côté HEFK. Si le prisme & l'œil sont placés de manière que les angles d'incidence & de réflexion à la base ayent près de 40 degrés ; on verra un arc bleu MN, qui s'étendra d'un bout à l'autre de la base ; la concavité de l'arc sera tournée vers le spectateur, & la partie JMNG au delà de l'arc paroitra plus brillante que la partie EMNH qui est en deçà. Cet arc bleu, n'étant produit que par la réflexion d'une surface spéculaire, est un phénomène si étrange & si difficile à expliquer par le système des Philosophes, qu'il doit être jugé digne d'observation.

Pl. XV. Pag. 164.

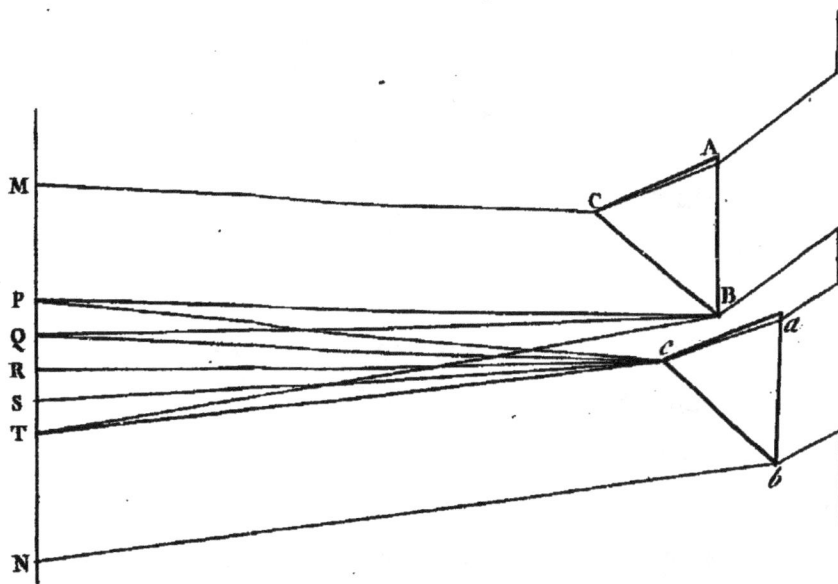

Fig. 39.

Fig. 40.

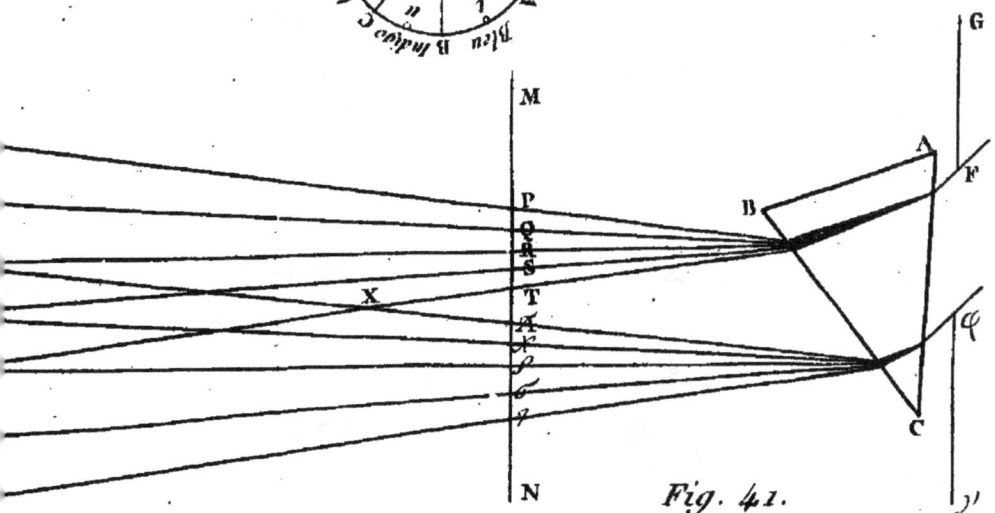

Fig. 41.

Pour en montrer la cause : que le plan ABC soit supposé couper perpendiculairement les côtés & la base du prisme : alors si de l'œil à la ligne BC, on mène les lignes Sp & St, qui fassent l'angle SpC de 50 degrés $\frac{1}{9}$, & l'angle StC de 49 degrés $\frac{1}{28}$; le point p sera le terme au delà duquel aucun des rayons les plus réfrangibles ne peut passer à travers la base, leur incidence étant telle qu'ils doivent tous être réfléchis ; & le point t sera le terme au delà duquel aucun des rayons les moins réfrangibles ne peut passer à travers la base, leur incidence étant telle qu'ils doivent tous être réfléchis : tandis que le point r, qui tient le milieu entre p & t, limitera de même les rayons de moyenne réfrangibilité. Ainsi, les moins réfrangibles qui tombent sur la base entre t & B, & qui peuvent parvenir à l'œil, seront tous réfléchis : mais entre t & C, plusieurs de ces rayons passeront à travers la base. D'une autre part les plus réfrangibles qui tombent sur la base entre p & B, & qui peuvent parvenir à l'œil, seront tous réfléchis : mais entre p & C plusieurs de ces rayons passeront à travers la base. Il en sera de même des

L 3

rayons de moyenne réfrangibilité des deux côtés du point *r*. D'où il suit que la bafe du prifme doit paroître blanche & brillante dans tout l'efpace compris entre *t* & B, à raifon d'une réflexion totale des rayons hétérogènes. Mais en *r* & en d'autres endroits entre *p* & *t*, où les plus réfrangibles font tous réfléchis à l'œil, & où les moins réfrangibles font tranfmis en grand nombre, l'excès des premiers doit faire paroître bleu-violet cet efpace. C'eft ce qui arrive en quelque partie de la bafe qu'on prenne la ligne C *p r t* B entre les bouts du prifme.

NEUVIÈME PROPOSITION.

PROBLÊME IV. *Par les propriétés de la lumière déja dévelopées, rendre raifon des cou-leurs de l'Arc-en-ciel.*

C'eft un fait que l'Arc-en-ciel ne paroît jamais qu'où il pleut, tandis que le foleil luit. Et c'eft un fait qu'on parvient à former des Iris, vifibles d'un point convenable, en fefant jaillir de l'eau, de manière qu'elle retombe en pluie, & qu'elle soit éclairée par le soleil. Aussi n'ignore-t-on plus aujourdhui que l'Arc-en-ciel est produit par les rayons solaires réfractés & réfléchis dans des goutes de pluie. Vérité que les Anciens avoient entrevue, & que Marc-Antoine de Dominis, Archevêque de Spalatro, a mise hors de doute dans son Livre *De radiis visûs & lucis :* car au moyen de quelques Expériences faites avec des globes de verre, remplis d'eau & exposés au soleil, il a fait voir que l'arc intérieur est produit par deux réfractions & une réflexion intermédiaire; l'arc extérieur, par deux réfractions & deux réflexions intermédiaires.

Descartes, qui a suivi ces explications dans son Traité *De Metheoris,* a corrigé celle de l'arc extérieur. Mais comme ces Savants ignoroient l'un & l'autre la véritable origine des couleurs, il importe de reprendre l'examen de cette matière.

Pour démontrer la formation de l'Arc-en-ciel; soit BNFG une goute de pluie ou tout Fig. 43. autre corps sphérique transparent, décrit par le centre C & l'intervalle CN. Et soit AN un

L 4

des rayons folaires incidents fur cette fphère en N, où il eft réfracté ; puis prolongé en F, où il eft réfracté de nouveau, & d'où il fort fuivant FV, où fe réfléchit vers G, pour fe réfracter & fortir fuivant GR, ou bien fe réfléchit encore vers H, pour fe réfracter & fortir fuivant HS, coupant le rayon incident AN en Y. Cela pofé, prolongez les rayons AN & RG jufqu'à ce qu'ils fe rencontrent en X ; abbaiffez enfuite fur AX & NF les perpendiculaires CD, CE, dont vous prolongerez la première jufqu'à ce qu'elle rencontre la circonférence en L. Enfin menez le diamètre BQ parallèlement au rayon incident AN, & faites que le finus d'incidence (au paffage des rayons de l'air dans l'eau) foit au finus de réfraction, comme J eft à R. Alors fi vous concevez le point d'incidence N fe mouvant fans interruption de B en L ; l'arc QF augmentera d'abord & diminuera enfuite, de même que l'angle AXR formé par les rayons AN & GR. Ainfi, l'arc QF, & l'angle AXR feront les plus grands, lorfque ND fera à NC comme $\sqrt{11 - RR}$ à $\sqrt{3RR}$: dans ce cas NE fera à ND comme $2R$ à J.

De même l'angle AYS, formé par les rayons AN & HS, diminuera d'abord, augmentera ensuite, & deviendra enfin plus petit, lorsque ND sera à CN comme $\sqrt{11 - RR}$ à $\sqrt{8RR}$: dans ce cas, NE sera à ND comme 3R est à J.

De même aussi l'angle formé par le rayon émergent après trois réflexions, & par le rayon incident AN, parviendra à sa limite, lorsque ND sera à CN comme $\sqrt{11 - RR}$ à $\sqrt{15RR}$: dans ce cas NE sera à ND comme 4R est à J.

De même encore l'angle, formé par le rayon émergent après quatre réflexions, & par le rayon incident AN, parviendra à sa limite, lorsque ND sera à NC comme $\sqrt{11 - RR}$ est à $\sqrt{24RR}$: dans ce cas NE sera à ND comme 5R est à J. Ainsi de suite à l'infini; les nombres 3, 8, 15, 24, &c. se formant par l'addition continuelle des termes de la progression arithmétique 3, 5, 7, 9, &c. Ce que les Mathématiciens concevront sans peine.

Observons ici que ces angles arrivant à leurs limites par l'augmentation de la distance CD,

leur quantité ne varie que fort peu durant (38)
quelque temps ; ainsi, les rayons qui tombent
sur tous les points N du quart de cercle BL,
sortiront en plus grand nombre dans les limites de ces angles que sous toute autre inclinaison.

Observons encore que les rayons différemment réfrangibles, ayant des angles différemment limités, sortiront (suivant leur degré de
réfrangibilité) en plus grand nombre de différents angles : alors séparés les uns des autres,
ils paroitront chacun sous leur propre couleur.

Si on vouloit déterminer ces angles, on y
parviendroit aisément d'après le Théorème qui
précède. Car les sinus J & R, pour les rayons
les moins réfrangibles, sont 108 & 81 : d'où
il résulte par le calcul que le plus grand angle
AXR est de 42° 2′; & le plus petit angle
AYS, de 50° 57′. Mais pour les rayons les plus
réfrangibles, les sinus J & R sont 109 & 81 :

---

(38) Ainsi, lorsque le Soleil vient aux Tropiques,
les jours n'augmentent & ne diminuent que fort peu,
durant un temps assez considérable.

d'où il résulte que le plus grand angle A X R
est de 40° 17′; & le plus petit angle A Y S,
de 54° 7′.

L'œil du spectateur étant placé en O, & Fig. 44.
O P étant mené parallèlement aux rayons solaires ; Soient donc P O E, P O F, P O G,
P O H, des angles de 40° 17′, de 42° 2′, de
50° 57′, & de 54° 7′ respectivement : il est
clair que ces angles étant supposés tourner autour de leur côté commun O P, leurs autres
côtés O E, O F, O G, O H décriront les bords
de deux Arc-en-ciels A F B E & C H D G. Car
si E, F, G, H, sont des goutes de pluie placées en quelque endroit que ce soit des surfaces coniques décrites par O E, O F, O G, O H;
& si elles sont éclairées par les rayons solaires
S E, S F, S G, S H; l'angle S E O (étant égal
à l'angle P O E qui est de 40° 17′) sera le
plus grand sous lequel les rayons les plus réfrangibles puissent émerger après une réfléxion ; par conséquent toutes les goutes qui se
trouvent sur la ligne O E, enverront à l'œil
ces rayons en plus grand nombre possible :
par ce moyen le violet le plus foncé sera vu
en cet endroit.

De même l'angle SFO (étant égal à l'angle POF qui eſt de 42° 2′) fera le plus grand ſous lequel les rayons les moins réfrangibles puiſſent émerger après une réflexion ; par conſéquent toutes les goutes qui ſe trouvent ſur la ligne OF enverront à l'œil le plus grand nombre poſſible de ces rayons : par ce moyen le rouge le plus foncé paroitra en cet endroit.

Par la même raiſon les goutes ſituées entre E & F enverront à l'œil le plus grand nombre poſſible des rayons de réfrangibilité moyenne, où ils feront apercevoir les couleurs intermédiaires. Ainſi, de E en F les couleurs de l'Iris paroitront dans cet ordre : violet, indigo, bleu, vert, jaune, orangé, & rouge. Mais le violet, étant mêlé avec la lumière blanche des nuées, paroitra foible en conſéquence & tirant ſur le pourpre.

D'une autre part l'angle SGO (étant égal à l'angle POG qui eſt de 50° 57′) fera le plus petit angle ſous lequel les rayons les moins réfrangibles puiſſent émerger après deux réflexions : par conſéquent ces rayons viendront à l'œil en plus grand nombre poſſible des goutes qui ſe trouvent ſur la ligne

OG, où ils feront paroître le rouge foncé. Pareillement l'angle SHO (étant égal à l'angle POH, qui eſt de 54° 7′) ſera le plus petit angle ſous lequel les rayons les plus réfrangibles puiſſent émerger après deux réflexions : par conſéquent ces rayons viendront à l'œil en plus grand nombre poſſible des goutes qui ſe trouvent ſur la ligne OH, & y feront paroître le violet foncé. De même les goutes qui ſont entre G & H tranſmettront les rayons des couleurs intermédiaires ſuivant leurs degrés de réfrangibilité. Ainſi, de G en H, les couleurs de l'Iris paroîtront dans cet ordre : rouge, orangé, jaune, vert, bleu, indigo, & violet. Comme les lignes OE, OF, OG, OH, peuvent être ſituées en quelque endroit que ce ſoit des ſurfaces coniques dont il eſt queſtion ; ce qui vient d'être dit des goutes & des couleurs qui ſe voient ſur ces lignes, doit être appliqué aux goutes & aux couleurs qui ſont en tout autre endroit de ces ſurfaces.

C'eſt ainſi que ſe formeront deux arcs colorés : l'un interne, compoſé des plus vives couleurs par une ſeule réflexion ; l'autre externe,

composé de couleurs plus foibles par deux réflexions, car la lumière réfléchie plusieurs fois
va toujours en s'affoibliffant.

. Les couleurs refpectives de ces arcs feront
dans un ordre inverfe; le rouge paroiffant toujours à leurs bords les plus proches, & le violet à
leurs bords les plus éloignés.

. La largeur apparente de l'arc interne EOF,
mefuré en travers, fera de 1° 45′; & celle de
l'arc externe GOH, de 3° 10′. Quant à leur
diftance GOF, elle fera de 8° 55′ : le plus
grand demi-diamètre de l'arc interne (c'eft à
dire l'angle POF), de 42° 2′; & le plus petit
demi-diamètre de l'arc externe POG, de 50° 57′.

. Telles feroient les vraies mefures, fi le
foleil n'étoit qu'un point : mais à raifon du diamètre apparent de cet aftre, la largeur des arcs
doit augmenter d'un demi-degré ; & leur
diftance réciproque diminuer d'autant. Ainfi, la
largeur de l'Iris interne fera de 2° 15′; celle
de l'Iris externe, de 3° 40′; leur diftance réciproque, de 8° 25′; le plus grand demi-
diamètre du premier de 42° 17′; & le plus petit
demi-diamètre du dernier, de 50° 42′. Ce qui

paroît à peu près d'accord avec l'expérience, quand les couleurs font bien marquées. Un jour ayant mefuré un Arc-en-ciel à l'aide des inftruments que j'avois fous la main, je trouvai que le plus grand demi-diamètre de l'Iris interne étoit environ de 42°; la largeur des teintes rouge, jaune, & verte de cette Iris, environ de 64', indépendemment de 3' ou 4', qu'on pouvoit ajouter à raifon du rouge extérieur qui étoit affoibli par l'éclat des nuées d'alentour. La largeur du bleu avoit de plus 40', fans compter le violet, qui étoit fi obfcur que je ne pus en mefurer la largeur. Mais à fuppofer la largeur du bleu & du violet, pris enfemble, égale à celle du rouge, du jaune, & du vert pris enfemble; la largeur totale de cette Iris étoit environ de 2° 15', tandis que fa plus petite diftance à l'autre Iris fe trouvoit environ de 8° 30'. Quant à l'Iris externe, elle étoit plus large que l'interne : mais les teintes en étoient fi foibles, qu'il ne me fut pas poffible de les mefurer.

Une autre fois que les Iris paroiffoient plus diftinctes, je trouvai la largeur de l'interne de 2° 10' : à l'égard de l'externe, la largeur du rouge, du jaune, & du vert étoit à la largeur des mêmes couleurs de l'autre Iris comme 3 à 2.

Notre explication de la formation de l'Arc-en-ciel eſt confirmée par une Expérience de Marc-Antoine de Dominis & de Deſcartes. Cette Expérience conſiſte à ſuſpendre, au moyen d'une poulie, un globe de verre plein d'eau, à l'expoſer au ſoleil au fond d'une chambre, & à placer l'œil de façon que les rayons émergents forment avec les rayons incidents un angle de 42° ou de 50°. Or

Fig. 44. ſi l'angle eſt de 42° à 43°, le ſpectateur placé en O verra du rouge fort vif ſur le côté du globe oppoſé au ſoleil, comme cela eſt repré-ſenté en F : & ſi on diminue cet angle en faiſant deſcendre le globe juſqu'en E, d'autres couleurs paroîtront ſucceſſivement; ſavoir, le jaune, le vert, le bleu, &c. Mais quand on fait cet angle d'environ 50°, en hauſſant le globe juſqu'à G, il paroît du rouge ſur le côté oppoſé au ſoleil : & quand on fait l'angle en-core plus grand, en hauſſant le globe juſqu'en H; le rouge paſſe ſucceſſivement au jaune, au vert, au bleu, &c. Les phénomènes ſont les mêmes,

mêmes, quoique le globe foit immobile, pourvu
qu'on hauffe ou qu'on baiffe l'œil, pour avoir
des angles de grandeur convenable (39).

La lumière qui vient au travers des goutes
de pluie après deux réfractions, fans aucune
réflexion, doit paroître dans fa plus grande

---

(39) On m'a affûré qu'en regardant la flamme d'une
chandèle à travers un prifme, on voit du rouge lorfque
les rayons bleus tombent fur l'œil; & lorfque les
rayons rouges tombent fur l'œil, on voit du bleu.
Si cela étoit, les couleurs du globe de verre & de l'Arc-
en-ciel devroient paroître dans un ordre contraire à
celui qu'elles ont. Mais il y a erreur dans cette affer-
tion; & comme les couleurs que donne la lumière d'une
chandèle font très-foibles, la méprife vient fans doute
de la difficulté de diftinguer les rayons de celles qui affectent l'organe. Au refte, en réfractant la lumière du
foleil par un prifme, j'ai fouvent remarqué qu'on
aperçoit toujours la couleur des rayons qui tombent fur
l'œil : remarque, que j'ai également faite fur la lumière d'une chandèle; car en détournant peu à peu le
prifme de la ligne qui vient directement de la flamme
à l'œil, on voit d'abord du rouge, enfuite du bleu.
Ainfi, chacune de ces couleurs eft vue dans l'ordre de
fon incidence, puifque le rouge paffe avant le bleu
au deffus de l'œil.

Tome I.   M

force, lorsque les rayons émergents forment
avec les rayons incidents un angle de 26 degrés
environ ; puis elle s'affoiblit peu à peu des
deux côtés, à mesure que cet angle augmente ou
diminue. Il en est de même de la lumière qui
vient au travers des grains sphériques de grêle.
Mais si ces grains font un peu applatis, comme
cela arrive souvent ; la lumière transmise peut
devenir si forte, quoique cet angle ait un peu
moins de 26 degrés, qu'elle formera une couronne (40) autour du soleil ou de la lune ; &
cette couronne paroitra colorée tant que les
grains de grêle feront convenablement figurés.
Dans ce cas, elle fera rouge en dedans, bleue
en dehors ; car les rayons de la première de
ces couleurs, étant moins réfrangibles que les
rayons de la dernière, viennent par des lignes
plus directes. Ces phénomènes auront lieu fur-
tout, si au centre des grains de grêle se trouvent
des globules opaques de neige, propres à intercepter les rayons qui éclaireroient le dedans de
la couronne, & l'empêcheroient d'être aussi
nettement terminé, ainsi que l'a observé Huy-

---

(40) Cette couronne colorée se nomme un *Halo.*

Pl. XVI. Pag. 179

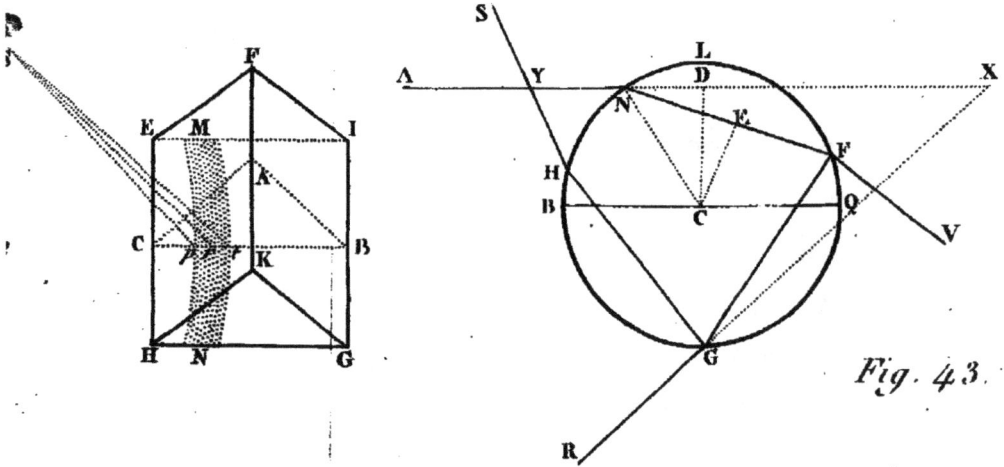

Fig. 43.

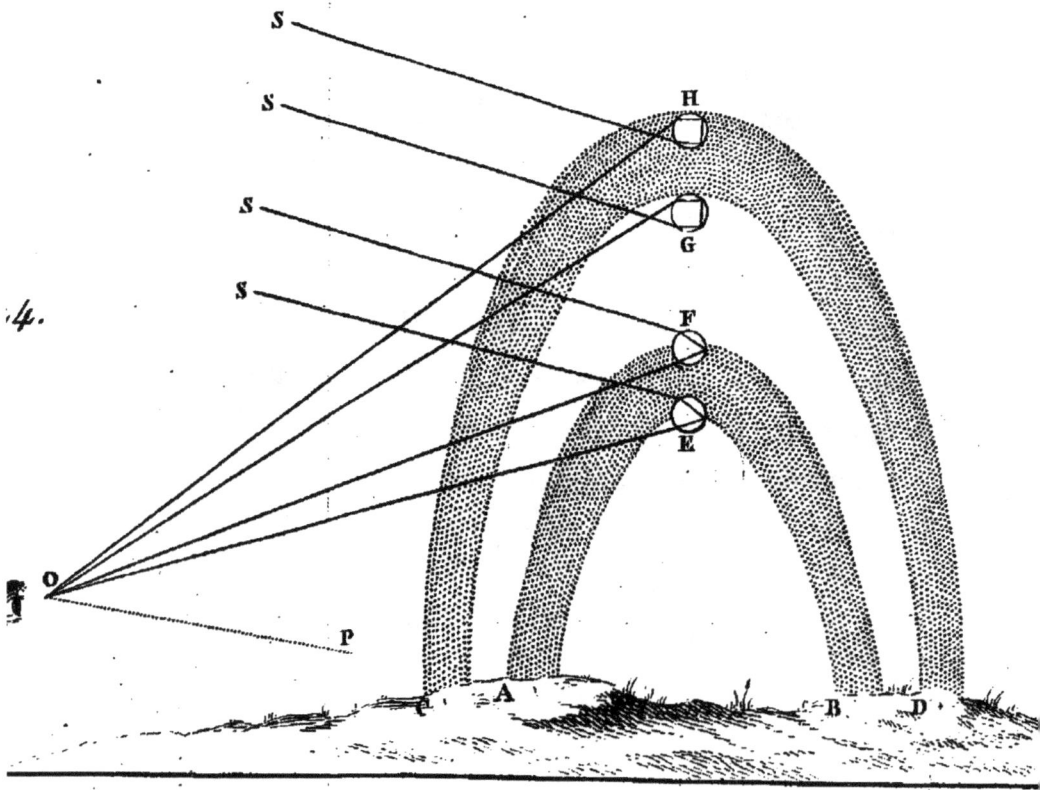

gens. De la forte, le bord interne de la couronne feroit d'un rouge obfcur, & le bord externe acolore, comme cela arrive ordinairement.

La lumière qui paffe au travers d'une goute de pluie, après deux réfractions & trois ou quatre réflexions, eft à peine fuffifante pour former un arc fenfible : mais peut-être pourroit-elle le devenir, au moyen de ces cylindres dont s'eft fervi Huygens pour expliquer les parhélies.

DIXIÈME PROPOSITION.

PROBLÊME V. *Par les propriétés de la lumière déja découvertes, rendre raifon des couleurs permanentes des corps.*

Ces couleurs proviennent de ce que certains corps réfléchiffent principalement certains rayons : le cinabre (par exemple) réfléchit principalement les rouges ; & la violette, les violets. Ainfi, chaque corps tire fa couleur des rayons qu'il réfléchit en plus grand nombre ; comme le prouvent les expériences qui fuivent.

M 2

XVII. EXPERIENCE. Si on expose des corps de différentes couleurs à des rayons rendus homogènes par la méthode détaillée à l'article IV de la I PARTIE; ils paroitront plus brillants, lorsque chacun sera éclairé par les rayons de sa propre couleur. Jamais le cinabre n'est plus éclatant, que lorsqu'il se trouve illuminé par une lumière rouge homogène. Exposé à une lumière verte, il est beaucoup moins brillant; & moins brillant encore, exposé à une lumière bleue. De même, l'indigo n'est jamais plus éclatant, que lorsqu'il est éclairé par une lumière bleue-violette; & toujours il perd de son éclat, à mesure qu'on l'éclaire successivement par une lumière verte, jaune, rouge. De même, un poireau réfléchit le vert plus fortement que les autres couleurs, puis le bleu & le jaune qui composent du vert.

Pour rendre les résultats de ces Expériences plus marqués, il faut choisir des corps dont les couleurs ont le plus d'éclat. Ainsi, aux rayons rouges homogènes, le cinabre & l'outremer paroissent rouges tous deux: mais le cinabre paroît d'un rouge éclatant; l'outre-mer, d'un rouge obscur. Pareillement aux rayons bleus homogènes, ils paroissent bleus l'un & l'autre : mais l'outre-mer paroît d'un bleu éclatant; le cinabre, d'un bleu obfcur. Preuve évidente que l'outre-mer réfléchit les rayons bleus en plus grand nombre que ne fait le cinabre, & que le cinabre réfléchit les rayons rouges en plus grand nombre que ne fait l'outre-mer. Or ces réfultats feroient les mêmes, fi on fubftituoit à ces corps le minium & l'indigo, ou d'autres matières femblables, compenfation faite de la vivacité plus ou moins grande de leurs couleurs refpectives.

Ces Expériences indiquent clairement la caufe des couleurs matérielles, qui d'ailleurs a été démontrée par celles des deux premiers articles de la I PARTIE, où l'on a vu que *les rayons qui diffèrent en couleurs diffèrent auffi en réfrangibilité.* Il fuit de là que certains corps réfléchiffent en plus grand nombre les rayons les plus réfrangibles ; & certains corps, les rayons les moins réfrangibles.

Telle eft la vraie & unique raifon de ces couleurs. Ce que confirmeroit encore cette confidération s'il en étoit befoin, que la couleur d'une lumière homogène ne pouvant point être changée par fimple réflexion, les corps ne fauroient paroître colorés qu'autant qu'ils réflé-

M 3

chiffent les rayons de leur propre couleur, ou ceux qui la produifent en fe mélant à d'autres.

Au refte, en fefant ces Expériences, il faut avoir foin que la lumière foit fuffifamment homogène ; car les corps expofés aux couleurs que le prifme donne ordinairement, ne paroiffent ni de la couleur qu'ils ont en plein jour, ni de celle de la lumière qu'on fait tomber fur eux, mais de quelque teinte mixte. Ainfi, aux rayons verts du fpectre ordinaire, la mine de plomb ne paroît ni verte ni rouge ; mais orangée, jaune, ou d'une teinte entre le vert & le rouge, fuivant que la lumière verte qui l'éclaire eft plus ou moins compofée. Or fi ce minéral paroît rouge à une lumière blanche, dans laquelle toutes fortes de rayons font également mélés : à une lumière verte, compofée de rayons jaunes, verts, & bleus, il doit prendre une teinte approchante de celle des rayons qu'il réfléchit en plus grand nombre. Et comme il eft de nature à réfléchir les rayons rouges plus que les orangés, & plus encore que les jaunes : ces rayons, n'ayant plus dans la lumière réfléchie les proportions qu'ils avoient dans la lumière incidente, changent la couleur du minéral ; de forte qu'il ne paroît ni vert ni rouge, mais d'une teinte mixte.

A l'égard des liqueurs diaphanes colorées, leur couleur change avec leur volume. Contenue dans un verre de figure conique placé entre l'œil & la lumière, une liqueur rouge paroît jaune pâle au fond du verre, où elle a peu de volume; un peu plus haut, où elle a davantage de volume, elle paroît orangée; plus haut, elle paroît rouge; enfin tout au haut, elle paroît d'un rouge foncé & obſcur. Pour concevoir la raiſon de ces phénomènes, il faut obſerver que cette couleur abſorbe fort aiſément les rayons indigos & violets, moins aiſément les rayons verts, & moins aiſément encore les rayons rouges.

Si le volume de la liqueur eſt tel qu'il puiſſe abſorber un nombre conſidérable de rayons violets & indigos, ſans beaucoup abſorber des autres; ceux qui reſtent compoſeront un jaune pâle : mais ſi elle a aſſez de volume pour abſorber auſſi un grand nombre de rayons bleus, ceux qui reſtent compoſeront de l'orangé : enfin ſi elle abſorbe en même temps un grand nombre de rayons verts & jaunes, ceux qui reſtent compoferont du rouge ; & ce rouge deviendra plus foncé & plus obfcur, à mefure que la liqueur, aquérant du volume, abforbera encore les rayons jaunes & les orangés, de forte que les rouges foient prefque feuls tranfmis.

Ici fe rapporte l'obfervation du Docteur Halley, qui, plongeant dans la mer fous une cloche, s'aperçut qu'à la profondeur de plufieurs braffes la partie fupérieure de fa main (fur laquelle le foleil donnoit directement au travers de l'eau & d'un carreau de verre) paroiffoit cramoifie ; tandis que la partie inférieure, illuminée par la lumière réfléchie du fond de l'eau, paroiffoit verte. De là on peut inférer que l'eau de la mer réfléchit fort aifément les rayons bleus & les violets, mais qu'elle tranfmet fort librement les rayons rouges. Or les rouges prédominant aux plus grandes profondeurs de l'eau, la lumière directe du foleil y doit paroître de cette couleur ; & cette couleur doit devenir plus foncée, à mefure que la profondeur augmente. Enfin à telle profondeur où les violets ne peuvent pénétrer ; les bleus, les verts, & les jaunes, étant réfléchis par le fond en plus grand nombre que les rouges, doivent compofer du vert.

Si on prend deux liqueurs colorées, l'une rouge, l'autre bleue, en quantité suffisante pour qu'elles paroissent bien foncées ; quoique chacune prise à part soit assez diaphane, elles cesseront de l'être par leur mélange : car l'une ne transmettant que des rayons rouges, & l'autre ne transmettant que des rayons bleus, il n'en passera plus aucun à travers les deux liqueurs mêlées ensemble. Phénomène que le hazard offrit à M. Hook, & dont il fut très-surpris, n'en connoissant pas la raison. Quoique je n'aye pas moi-même constaté cette Expérience, je ne laisse pas d'y ajouter foi : quant à ceux qui entreprendront de la répéter, ils doivent avoir soin d'employer des liqueurs colorées très-foncées.

Puis donc que les corps paroissent colorés en réfléchissant ou en transmettant en plus grand nombre les rayons de telle & telle espèce ; ils absorbent & éteignent nécessairement ceux qu'ils ne réfléchissent ou ne transmettent pas. C'est ce que l'Expérience vérifie : car de l'or en feuille, placé entre l'œil & la lumière, transmet des rayons bleus verdâtres ; ces rayons pénètrent donc le tiſſu de l'or en maſſe qui les abſorbe ou les éteint, tandis que ſa ſurface réfléchit les rayons jaunes.

Comme une feuille d'or paroît jaune par une lumière réfléchie, & bleue par une lumière tranſmiſe, quelle que ſoit la poſition de l'œil : de même certaines liqueurs (telles que la teinture du bois néphrétique) & certains verres tranſmettent en grand nombre les rayons d'une eſpèce, & réfléchiſſent en grand nombre les rayons d'une autre eſpèce; de ſorte qu'ils paroiſſent de différentes couleurs, ſuivant la poſition de l'œil. Mais ſi ces liqueurs étoient aſſez denſes, ou ces verres aſſez maſſifs, pour ne tranſmettre aucun rayon; je ne doute point qu'ils ne paruſſent d'une ſeule couleur dans toutes les poſitions de l'œil, comme font les corps opaques : car tout corps coloré, ſuffiſamment mince, devient tranſparent, & ne diffère des liqueurs diaphanes colorées que du plus au moins; de même, en augmentant le volume de ces liqueurs, elles deviennent tout auſſi opaques que ces corps.

Un corps peut paroître de même couleur par la lumière tranſmiſe & par la lumière réfléchie à fa dernière furface. Mais la lumière réfléchie diminue toujours, & s'évanouït même tout à fait, lorfque l'épaiffeur du corps augmente confidérablement, de manière que la lumière réfléchie par les particules colorées du corps même vient à prédominer; & alors fa couleur tranfmife diffère de fa couleur réfléchie.

Mais d'où vient que les liquides & les folides colorés réfléchiffent certains rayons & en tranfmettent d'autres? C'eft ce que j'expliquerai dans le Livre fuivant. Il me fuffit ici d'avoir prouvé inconteftablement que les corps ont ces propriétés, & que leurs couleurs en dépendent.

ONZIÈME PROPOSITION.

PROBLÊME VI. *Par le mélange des rayons colorés compofer un trait de lumière blanche parfaitement femblable à la lumière directe du foleil; puis faire fervir ce trait à la preuve des propofitions précédentes.*

Soit ABC*abc*, un prifme qui réfracte un Fig. 45. faifceau de rayons folaires, introduit dans une

chambre obfcure à travers le trou F, & projeté fur l'objectif MN, de manière à peindre
en p, q, r, f, t, les couleurs prifmatiques ;
favoir le violet, le bleu, le vert, le jaune,
& le rouge. Que leurs rayons divergents, réunis
en X par l'objectif, compofent un champ de
lumière acolore. Soit enfuite DEG deg, un
fecond prifme, parallèle au premier, & placé
en X pour réfracter cette lumière acolore, &
la projeter en Y. Que les angles réfringents
foient égaux, & à égale diftance de l'objectif;
de forte que les rayons réunis en X (où ils fe
feroient croifés, & d'où ils auroient divergé
fans l'interpofition d'un nouveau prifme) deviennent parallèles en fe réfractant à fes furfaces, & compofent un trait XY de lumière
blanche. Il importe d'obferver que, fi l'angle
réfringent de l'un des prifmes étoit plus grand
que l'autre, il faudroit qu'il fût d'autant plus
proche de l'objectif. On reconnoîtra que les
prifmes & l'objectif fe trouvent réciproquement
à des diftances convenables, quand le trait XY
fera dans toute fa longueur d'une blancheur
parfaite, même à fes bords. Autrement, il
faudra varier ces diftances, jufqu'à ce qu'on

ait trouvé le point où ce trait paroît parfaitement acolore. Alors on fixera les prifmes &
l'objectif le long d'une forte pièce de bois ;
& on répètera, fur le trait de lumière compofée, les mêmes Expériences qui ont été faites
fur un trait de lumière directe du foleil.

Comme la lumière de ces traits a les mêmes
propriétés, autant qu'on peut en juger par l'obfervation, on trouvera, en interceptant à l'objectif quelques-unes des couleurs p, q, r, f, t,
que ces couleurs font précifément celles des
rayons projetés fur l'objectif avant qu'ils com-
pofaffent le faifceau folaire par leur réunion :
elles ne proviennent donc d'aucune modification que la lumière auroit reçue de la réfraction ou de la réflexion ; mais elles tiennent
uniquement aux divers mélanges des rayons
originairement doués de qualités colorifiques
particulières.

Ainfi, après avoir formé un trait X Y de
lumière blanche à l'aide d'un objectif de 4
pouces 3 lignes de diamètre, & de deux prifmes
placés l'un avant, l'autre après l'objectif, &
chacun à 6 pieds 3 pouces de diftance ; je me
propofai d'examiner la caufe des couleurs pro-

duites par les réfractions prifmatiques : je commençai donc par réfracter ce trait de lumière compofée, au moyen d'un autre prifme H J K *k h* ; enfuite je fis tomber fur le papier L V les couleurs P, Q, R, S, T, qu'il produifoit. Puis interceptant à l'objectif une des couleurs *p, q, r, s, t*, je trouvai qu'à l'inftant même cette couleur difparoiffoit de deffus le papier L V. Si le pourpre, par exemple, étoit intercepté à l'objectif, il s'évanouiffoit auffi tôt de deffus le papier ; les autres couleurs ne recevant aucune altération, au bleu près, qui étoit altéré autant qu'il pouvoit l'être, par la féparation de quelques rayons pourpres qui s'y trouvoient mêlés. De même, fi le vert étoit intercepté à l'objectif, il s'évanouiffoit auffi tôt de deffus le papier : & ainfi des autres couleurs. Ce qui prouve évidemment que les couleurs provenant du trait de lumière X Y par de nouvelles réfractions, font les couleurs mêmes des rayons d'où réfulte la blancheur de ce trait. Le prifme H J K *k h* ne fait donc voir fur le papier les couleurs P, Q, R, S, T, qu'en féparant les rayons qui ont les mêmes qualités colorifiques avant de compofer le trait acolore X Y. Au trement, les rayons qui paroiffent d'une certaine couleur fur l'objectif, paroitroient d'une autre couleur fur le papier : ce que l'Expérience dément.

D'une autre part, pour découvrir le principe du coloris des corps, j'en expofai quelques-uns au faifceau XY, & je trouvai qu'ils y paroiffoient tous colorés comme en plein jour; d'où il fuit que leurs couleurs dépendent de celles dont les rayons font doués, & qu'ils manifeftoient avant de compofer le faifceau. Ainfi, le cinabre expofé à ce faifceau paroît rouge comme en plein jour. Or fi on intercepte à l'objectif les rayons verts & les rayons bleus; fa couleur en fera plus vive, plus forte : mais fi on intercepte les rayons rouges, il deviendra jaune, vert, ou de quelque autre couleur, fuivant qu'il fera illuminé par tels ou tels rayons qui n'ont pas été interceptés.

Pareillement, l'or expofé au faifceau XY paroît jaune comme en plein jour. Mais fi on intercepte à l'objectif un nombre fuffifant de rayons jaunes, il paroitra blanc comme l'argent. La couleur de ce métal provenoit donc de l'excès des rayons jaunes interceptés.

De même l'infusion du bois néphrétique, étant exposée au faisceau XY, paroît bleue comme en plein jour à raison des rayons réfléchis, & rouge à raison des rayons transmis. Mais si on intercepte les bleus à l'objectif, elle cessera à l'instant de paroître bleue par réflexion, & sa couleur transmise augmentera même en éclat. Au contraire, si on intercepte à l'objectif les rayons rouges & les rayons oranges, elle cessera à l'instant de paroître rouge par transmission, & sa couleur bleue réfléchie augmentera en éclat. Cette infusion ne teint donc les rayons ni en bleu ni en rouge : seulement elle transmet en plus grand nombre ceux qui sont rouges, & réfléchit en plus grand nombre ceux qui sont bleus.

On peut rechercher de la même manière les raisons de tout autre phénomène, en fesant des Expériences dans ce trait artificiel de lumière blanche.

Fin du Tome premier.

Défauts constatés sur le document original